这一世，

如果有人爱你，你就好好爱TA，

如果没有，你就狠狠爱自己。

龙飞律师

为什么女孩子要“先
谋生再谋爱”？就是因为
女孩子只有先养活自己，
才有选择的权利，才不辜
负生在这么好的时代。

待人接物，请多保留一些善意，用善意感染他人，也滋养自己。
善良是一个圈，它以你为起点，终归会回到你身上。

可能我们这一辈子只有见过无数的人、经历无数的事情，才会清醒地看清自己身上这个梅花烙。看清这个梅花烙之后，想明白自己想要什么，这个时候人就活得通透了，就不再为周遭的人和事所绑架，不再被别人的观念牵着鼻子走。

希望你可以去找情绪稳定的伴侣，也希望你修炼自己情绪稳定的本事。

看过那么多悲欢离合，你会发现，情绪稳定是一个人身上最成熟、最高级的品质。

当你一直扮演好那个情绪稳定、心怀善念的角色，自然而然地，那种状态便会成为你的常态。久而久之，你就会成为你所希望的样子。

你好
未來

想把日子过好，首先要有自知之明，知道自己身上有什么优势，对家庭能有什么样的贡献，对与你共同生活的这个男人有什么样的支撑和助力。

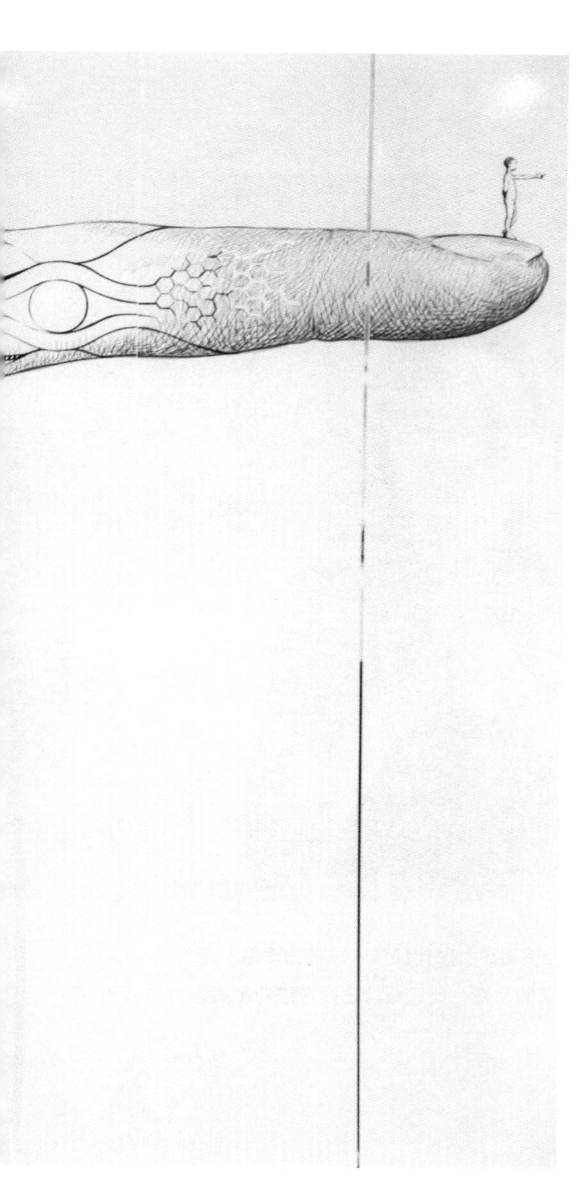

你是女儿，是妻子，是妈妈，是媳妇……但在这些身份之前，你首先应该是你自己。

不管是娘家，还是丈夫，抑或是孩子，都不及你自己来得重要，只有你把自己的人生过好了，你身边的人才可能过好。

婚后的柴米油盐、鸡毛蒜皮，一定会消磨少女时代那种对感情的憧憬。

我们要做的，不是努力留住稍纵即逝的浪漫，而是让自己拥有应对不确定的未来的底气。

这些道理，不要等到 40 多岁才明白。

把日子过明白

龙飞律师 著

台海出版社

出身只能决定我们的起点，无法主导我们的未来。

如果你恰好出生在一个不幸福的原生家庭，并因此导致性格有缺陷，希望你能清楚地认识到自己的问题，通过不断学习，实现自我教育，自我成长，自我完善。

相信我，你也可以拥有健全的人格，从而获得幸福。

献给我一生要强的母亲。

亲爱的读者，无论你现在遇到了怎样的问题，我都想拍拍你的肩膀告诉你：没有过不去的坎。

给龙飞女孩的一封公开信

各位素未谋面的朋友：

接下来龙飞要说的话，没有套路，全是真话。

身为女人，我时常在想，能生在这样的时代、这样的国家，何其幸运。

为什么呢？

翻看历史，再对比同一时代不同国家、不同族群的女性现状，此时此刻，身为中国女性，能通过自己的双手去劳动换取报酬，能通过自己的本事去赚钱养家糊口，能够决定自己的婚姻大事，能够选择自己喜欢的生活方式，这些看起来已经被大家认为很正常的事情，却是千百年来女性一步一步抗争得来的结果。

为什么我时常和大家说，女孩子要“先谋生再谋爱”？就是因为女孩子只有先养活自己，才有选择的权利，才不辜负生在这么好的时代。

我的母亲是一位农村妇女，今年66岁，她不识字，也不懂什么家国情怀，没说过什么大道理，但她这辈子对我唯一的要求是：千万不要成为手心朝上的女人。

这是一位农村妇女对自己女儿最朴素的期望。我也借母亲的话鼓励所有女孩都要有赚钱养活自己的本事，这才是真正的“搞钱”，而不是通过恋爱、婚姻去走捷径，去“谋财”。

为什么呢？因为相比之下，只有你自己所拥有的赚钱的本事永远不会背叛你。

我看到了很多人对我的批评，也看到了很多粉丝对我的鼓励。在此，对客观批评我的意见，龙飞一定会虚心听取。我深知律师这个职业自带得罪人的属性，无论你是“龙飞女孩”还是“龙飞男孩”，当我劝你离开一个赌徒时，当我鼓励你逃离一个酒鬼时，当我支持你放弃一个性格极端的伴侣时，当我提醒你不要被“杀猪盘”骗局或者PUA高手洗脑时，势必也“损害”了很多人的利益，所以龙飞挨骂是必然的。对于这些，我没什么可抱怨的，因为我吃的就是这碗饭啊，这些本就是我该承受的。

当然，我也看到很多人一直维护我，信任我。我想说，龙飞此生何德何能，不知怎样才能配得上你们的厚爱。

不过，我还是要叮嘱大家，我们要容得下不一样的看法，容得下不一样的评价，这是一个人真正开始成熟的标志。

这辈子咱们或许都见不上面，但我依然感恩生命中有你们。感恩！

愿你们有不伤人的教养，也有不被人伤的气场，就冲着你们的这份情义，龙飞保证，一定会带着更加认真负责的态度，为你们分享更多的知识和经验。

就这！

一个寂寂无名的小律师　龙飞

2022 年 6 月 1 日

目　录

03 保护婚前财产：为自己设立婚姻的"护城河"

04 理性思考：时刻保护自己的人身安全

婚后篇：
时刻记住，你是独立的个体

05 情感问题：保护好彼此的爱

07 婚姻危机：当我们遭遇了背叛

写在前面的

我想，你打开这本书，一定想知道很多很多的答案。比如，如何在恋爱期间判断双方是否适合走进婚姻；如何合情、合理、合法地保护自己在恋爱和婚姻中的财产（包括生命财产和物质财产）；如果你的婚姻出现了问题，是去还是留；如果遇到不合适的伴侣，如何体面地结束婚姻；如何在婚姻中保留自主性，拥有话语权……

很多来咨询我的女性，对婚姻都极为迷茫，很多女孩子也有“恐婚”的心理：担心自己遇人不淑、担心婚姻生活和自己想象中的不一样、担心在婚姻中失去自我……

在开篇前，咱们先聊聊，到底什么样的人才适合结婚吧。

龙飞律师不想给你灌迷魂汤，我相信，只有带着清醒的态度来面对婚姻，了解你将要面对的各种情况，捋清你真正想要的婚姻到底是怎样的，你才有可能克服对婚姻的恐惧。

先给你讲一个故事

这是一个真实的故事，这个故事可能有点儿“触目惊心”。

一对清华学霸小夫妻，相识于清华校园，结婚后一起去美国学习深造，谋求发展。他俩都非常优秀、智商超群、知识渊博、前程似锦；都曾是家里的骄傲、家族的荣耀。这本该是个励志、浪漫、羡煞旁人的故事，可结局却是“一个下户口，一个上新闻”。

善良敦厚的丈夫，被妻子一枪爆头之后，大卸八块抛尸在美国一个停车场。然后妻子女扮男装冒充丈夫的身份，拿着死去丈夫的护照想要蒙混过关回到中国。结果在上海浦东国际机场入境安检时，只差最后一步就要逃之夭夭的关键时刻被识破了。

怎么被识破的呢？护照上的修改痕迹引起了边检人员的注意。边检人员仔细打量这个身材矮小的男乘客时，发现她神色慌乱，在盘问这护照怎么回事的时候又吞吞吐吐，顾左右而言他。检查人员结合面前这个人的声音、形态、动作，再仔细一瞧，眼前的这个男人竟是女扮男装。

这一下不得了，正常女人谁会女扮男装用男人的护照过关呢？于是安检员赶紧找来了警方介入，进行调查。

在调查期间，公公婆婆还跑去见过她，并问及自己的儿子怎么没有回来。她竟笑了笑，答道："你们的儿子在一个很安全的地方。"事后想起来真叫人后背发寒。

随着警察一步一步调查，加上美国那边几乎同时发现了停车场里被抛尸的残骸，经鉴定，被证实就是她的丈夫，这才爆出一个轰动一时的"清华女博士枪杀老公"的惨案新闻。

她为什么要杀害自己的丈夫呢？他们之间到底有什么深仇大恨呢？

据女方自己供述，她是因为跟丈夫之间出现了矛盾，丈夫提出了离婚，她一时激动杀死了自己的丈夫，事情真的如她所说的这么简单吗？这得从他俩的性格说起。

她与丈夫虽然都是清华的高才生，都是高智商的学霸，但性格完全不同。妻子内向敏感，不喜欢与人相处。在读研究生刚开学的时候，她被选为班干部，然而没过多久，就因为和同学搞不好关系被罢免了；读研究生刚刚半年，又因为和自己的导师彻底闹僵，以致研究生也读不下去了，迫于无奈才选择放弃清华，转而申请去美国普渡大学继续攻读；可好不容易到了美国普渡大学，性格怪异的她又一次与美国的研究生导师闹僵了，其他老师对她也是避之唯恐不及，都不愿意接手她。

最后，是丈夫千方百计找了一位华人老教授，好说歹说，在异国他乡，老教授也不愿意眼睁睁看着一个高才生荒废前半生的所有努力，就帮了这个忙，而她也顺利毕业，拿到硕士学位，并在普渡大学的化学工程系实验室里任研究助理，这相当于有了一份相对稳定的工作。

丈夫是什么样的人呢？他为人亲和，人也风趣，在留学生的圈子里很受欢迎，去美国没多久就交到了很多朋友，隔三岔五就喜欢跟大家一起聚聚餐，在户外钓钓鱼，休闲娱乐一番。可妻子偏偏不喜欢跟人交往，就喜欢宅家里，就喜欢二人世界，用她自己的话来说，就是恨不得随时都能拉着丈夫的手。

但凡谈过恋爱的人都知道，刚开始这么黏着还行，日子久了，谁能受得了天天就两人待一起啊！除非你俩都是同类人，否则迟早得爆发矛盾。

果不其然，两人之间的差异越来越大，成为夫妻矛盾的直接原因。妻子始终怀疑丈夫会不会抛弃自己，会不会喜欢上别人了，所以用尽全力去控制他的社交，限制他的活动范围。丈夫无法忍受妻子的猜忌、多疑与控制，同时改变不了这样的局面，那怎么办呢？冷处理。

注意，这是夫妻间“消磨”感情的撒手锏。你这头越是冷处理，她那头越是窝火，心中愤懑无处宣泄，要么砸东西，要么歇斯底里地闹。

有一次吵架后，妻子一气之下，用刀刺伤了丈夫，这事还惊动了当地警察，妻子被警方关押了，学校闻讯也顺势把她开除了。好端端一个天之骄子，眼看着就要断送自己一辈子的前程了。

事情到这一步，如果你是这个妻子的丈夫，你会选择原谅刺伤自己的伴侣吗？你会趁此机会提出离婚彻底摆脱她，还是会东奔西走花钱去保释她呢？当你的伴侣因为用刀刺伤你而被抓，你会怎么选择？

为什么我前面说这个丈夫是善良敦厚的呢？面对这么一个伤害自己的女人，他没有落井下石，没有趁机摆脱，而是想办法凑齐5000美元，把对方保释出来了。本来美国法院对于这种暴力行为是会下令要求施暴者不得接近被伤害者的，但丈夫担心妻子一个人没法生活，于是主动要求法院解除了这项禁令，允许施暴者跟自己一起生活。

本以为经历这次冲突之后，两人的关系能有所缓和，可是他们之间的性格矛盾依然存在，还是接着吵架。

在一次吵架中，丈夫忍无可忍说了句："离婚！"这两个字成为妻子丧失理智的导火索，按照女方案发后的自述：如果离婚，男方肯定能找到更好的女人，可以重新开启一段幸福的生活，但是她除了这个男人，什么都没有，没了工作、没了前途，她只能一个人孤独终老，忧愤而死。

想到这里，一股莫名的恨意涌上心头。

2005 年 8 月 19 日的晚上，丈夫再次提出了离婚，女方彻夜未眠。

第二天凌晨，她问丈夫，还有没有挽回的余地，但丈夫坚持离婚，于是女人就从床头柜里拿出了手枪，对着丈夫的后脑勺，直接一枪毙命。

打死丈夫后她并没有慌，而是跟丈夫的尸体待了七天七夜，直到尸体开始发臭，她说自己仍然不忍心动手肢解丈夫，所以在网上找了一个叫杰克的人，花了 3000 美元让他帮忙处理尸体。

第八天，她乔装打扮一番，试图以丈夫的身份回国。

听到这里，你是不是觉得这女人太可怕了？简直像在看恐怖悬疑片一样。

更可怕的还在后面。

美国警方在他们家的碎纸机里找到了一张被粉碎的计划

书，上面详细记录着作案的过程，包括买枪之后测试过声音的分贝，而且还用枕头堵住枪口测试了消音的效果，最后决定在雷雨天伴着雷声开枪，这样才不至于引起邻居的警觉。同时，记录着逃离美国的各种路线和航班信息，甚至连回到上海之后应该租住在哪里都已计划好。再补充一点，她甚至提前去学习了射击课程。

另外，她之所以选择用丈夫的护照回国，一方面是自己的护照因为之前刺伤丈夫的案子被美国扣留，另一方面可以制造丈夫自己一个人回国的假象，以此迷惑美国警方的调查。再者，美国警方在调查报告中指出，她的消费账单只能显示买枪的记录，但是并没有找到在网上联系杰克并支付3000 美元令其处理尸体的记录，这个杰克自始至终只出现在女方的陈述中，并没有任何痕迹和证据来佐证。

也就是说，很可能根本不存在什么不忍心伤害丈夫身体的情况，而是她自己分解了丈夫的尸体并抛尸。

人格和品行，极为重要

我讲这个故事并不是为了吓唬你，这毕竟是个极端案例。我只想用真实的事件来提醒各位，无论你是男人还是女人，请你认真分析自己的伴侣、爱人，他（她）的性格中，有没有“得不到你，我就毁掉你；你敢离开我，我就杀了你”的偏执人格。如果有，请你拿出壮士断腕的勇气，及时止损。

遇到一个人格和品行有问题的人，千万不要试图去感化、去改造他（她），因为很有可能要么就是搭上你的一辈子，要么搭上你的一条命。

自身性格有缺陷的人可怜吗？当然可怜，或许是因为原生家庭的不幸导致的。这个案件中的女方，原生家庭确实存在一定的问题。她的父亲是一名大学教授，但是母亲学历并不高，因此母亲很自卑也很焦虑，总是怀疑她的丈夫对自己不忠，天天监视控制自己的老公。

一个时刻感觉受到监视的父亲，一个天天疑神疑鬼的母亲，矛盾就像细菌一样无处不在，也就经常吵吵闹闹的，最终也离婚了。父母这段不幸福的婚姻，造就了敏感多疑且毫无安全感的女儿，这个女儿又亲手葬送了自己的人生。

我们不是专业的心理医生，我们不要试图通过冒险去挽救、改造像案例中这样人品和性格有缺陷、行为极端的人。我们能做的，只有选择，选择跟性格相对健全、健康的人在一起。

我这么说肯定有人“喷”我，那你不是歧视人吗？人有性格缺陷怎么了，原生家庭不幸福怎么了，就不值得被爱吗？就不配拥有家庭和爱人吗？

你如果跟我这么“杠”，我只能说，如果你作为原生家庭不幸福、自身性格有缺陷的人，能清楚地认识到自己的问题，并且不断学习，摆脱原生家庭，实现自我教育，自我成长，自我完善，那么你就有能力变成一个相对健全的人，你当然值得拥有幸福。但你如果明知自己性格不健全、偏激，无法与人相处，还认为全天下的人都欠你的，就你可怜，就你不幸；如果觉得爷爷奶奶、外公外婆、爸爸妈妈、哥哥姐姐、老师同学全都对不起你，周围没一个好人，那我希望你先学会认清自己，进行自我觉察、自我反思。

如果你现在的伴侣就是这种“得不到就毁掉”的人格，动不动就威胁你，认为“如果你敢离开我，我绝不会放过你”，我真的劝你先做一个离开对方的作战计划书。下定决心，哪怕辞掉工作，换个电话，换个城市，隐姓埋名，也一定要跟对方断了。但凡你因为同情他而无法下决定，那我只能说句不太好听的话：你愿意去拯救性格有缺陷的人，我拦不住，但请你离善良的人远一点。

一定记住这条忠告：找伴侣，最好找原生家庭正常的（并不是说离了婚的原生家庭就不正常，只要父母离婚之后依然能和平相处，双方对孩子没有不管不顾，也没有在孩子心里埋下仇恨的种子，这就叫原生家庭正常）、心理相对健康的、人品好的、懂得照顾人的人；尽量去找能够顾及别人的感受，有同理心，可以跟朋友们正常相处，懂点人情世故的人；千万别找那种偏执狂，有被害妄想症，极度缺乏安全感，想要什么就不择手段，撒泼打滚、摔东西、割腕、断手指、磕头、狂扇自己嘴巴子、威胁你要和好要求婚的人。尤其要远离那种想见你，你不见就要威胁公开你隐私照片或者爆你的黑料的人，等等。这些手段本质上都一样，就是“得不到就毁掉”。他们在心理层面上，其实还很幼稚，不属于成人心态。

有一个妻子跟老公去4S店看车，妻子看中了一款车，老公没给她买，她一怒之下把车给砸了。这样极端的人，真的适合做终身伴侣吗？

与这样的人在一起，就算有一天你被害死了，也许还会碰到可怕的指指点点：要不是你做了什么对不起对方的事情，对方为什么会杀你？这种恶毒的评判，会让你死不瞑目。我们见过太多类似的新闻。比如，一位中国孕妇在泰国被丈夫处心积虑地推下悬崖，居然有人评论说：你做了什么，孩子是不是你老公的？又如，正在直播的某位网红，被前夫泼汽油烧死，居然有人评论说：这女的肯定做了什么见不得人的事，不然她前夫怎么那么恨她。我每次看到这样的评论，都会气得头发丝都能竖起来。

就像这个清华女学霸杀死自己老公的案子，肯定有人说，老公是不是有什么问题、是不是出轨了、是不是做了什么对不起女方的事情，不然她为什么会杀自己老公?

我今天就告诉你们，一个人伤害或者杀害另外一个人，并不是对方一定做了什么伤人的事，真正的原因，恰恰是动手的这个人见不得对方好。

“见不得别人好”，或许是人性中最大的恶。

这个清华女学霸性格孤僻，没有朋友，跟谁关系都处不好，跟老师还能吵架闹翻。而男生恰恰相反，性格随和，爱做饭，爱张罗老乡们一起聚餐，走到哪里都能交很多朋友。他越是这样，女方就越觉得他总有一天会嫌弃自己，离开自己。越是想到丈夫离婚后肯定还能再找一个更好的老婆，还能幸福地生活，她就越是心理不平衡。她的逻辑简单粗暴又野蛮狠毒：既然我得不到，那我就毁掉。

所以，这位丈夫唯一的错就是选错了伴侣。

我还见过另外一个离谱的案例。那个男人恐怕是我见过最有宽容心的男人了，他的生殖器被“女朋友”割掉了，在面对记者采访的时候甚至还表达出要原谅他“女朋友”，并且会跟法官去求情：“因为这个‘女朋友’太爱我了，她没有安全感，她不爱他人，只爱我，只是怕失去我，所以才会这么做。”

在这里，我想顺便给大家科普一下，这种事已经不是你原不原谅的问题了，它是正常人和整个社会都无法容忍的恶性事件。这在法律上叫作公诉案件。

什么意思呢？就是你原谅她，你不想追究她，那也不行。公安部门必须追究，检察院必须追究，法律必须追究。

病态的感情，不是正常感情。我不是很赞成女孩子把恋爱看得比命还重，那种“山无陵，江水为竭。冬雷震震，夏雨雪。天地合，乃敢与君绝”的爱我们真的要警惕，因为太爱一个人或者被一个人“太强烈”地爱，其实是一件风险很大的事情。

我们在找另一半时，不必找那种太执着的人，也尽量不要找那种情绪容易失控的“咆哮者”，因为这种人爱的时候有多热烈，恨的时候就有多可怕。同样地，任何人找伴侣，最好不要找那种“爱之欲其生，恶之欲其死”之人。找伴侣一定要找那种在一起时很好，分开了也能彼此过得很好的人。

所以，请你一定认认真真观察评估自己的伴侣，或者即将成为自己伴侣的人，无论对方对你多好，看上去有多爱你，对你多迷恋，多热情似火，多有钱，多有社会地位，也要看看他有无“得不到就毁掉”这样低劣的性格缺陷。

远离品行低下、人格缺陷者

总结一下，选择伴侣的时候，一定要小心这么几种人（以下是我这个工作了十几年的律师对女人们的忠告）：

第一种是自尊心极强，认知能力极差的人。他从来不认为自己有错，你稍微打探一下他跟前女友的事情，发现他十句话里面没有一句话说自己有问题，全都是说别人有问题的，那他自己一定有问题。

他无法看清自身的问题，才是以后生活中最大的问题。

过得不幸福的人都有一个特点，就是总觉得自己没有错，一切都是别人的错。而过得幸福的人也有同样一个特点，就是哪怕她一个人过，也能拥有热腾腾的生活。

第二种是极端自卑却又控制欲极强的人。他不准你外出聚餐，不准你穿热裤，不准你跟男同事加班开会，甚至不准你跟闺密交往太多，尤其是打着爱你的名义对你进行控制的人，其实骨子里他就是自卑，只想把你圈禁在他能够掌控的这一亩三分地里面，跟这种人在一起生活，你的世界从此就是灰色的。

第三种是性格极端、易怒的人。他动不动就要摔手机，砸门，砸电视，撕证件，开车骂骂咧咧，喜欢跟人较劲飙车，他自己都控制不了自己下一秒能干出什么事儿，你跟他在一起可能会安全吗？

第四种是有自残倾向的人。一吵架就要割腕，用烟头烫自己，甚至要跳楼来证明他自己有多爱你的人，真的很可怕，他连自己都敢伤害。你，在他面前又算什么呢？

爱得再热烈，也要保护自己的身体

如果让我再加一条找伴侣的“忠告”，那就是发生性关系之前一定要一起去做全面体检，对，听上去很牵强、很荒唐的要求，但如果对方心中无隐瞒，便会坦坦荡荡地跟你一起去做体检。

这个建议你是不是觉得很莫名其妙？为什么我要有这样的忠告呢？你听完下面这个故事就知道了。

这是一个对方在与我进行电话咨询的时候，我听到最后忍不住掉眼泪的故事。

一个 22 岁的小伙子，声音很温柔，在我的想象里，他应该是瘦瘦高高、白白净净、一脸阳光大男孩的样子，他的生命，如此鲜活美好，他可能也曾是绿茵场上最耀眼的少年，也曾梦想鲜衣怒马，仗剑走天涯，却因为遇人不淑，感染了 HIV，我暂且叫他小杜吧。

为了让你们更直观地感受这个故事的来龙去脉，我会在后文采用还原连线对话的方式来讲述这个故事。

第一次咨询（小杜一共咨询过两次，这是第一次咨询）

小杜：讲一下我的情况。我年纪不大，2 月份调到一家单位。当时我遇到了一个同事小 A，是对方追的我。但在交往过程中，我发现小 A 差不多与四五个人都存有一些情感，也有身体上的纠葛。

龙飞：那你本身对小 A 有感情吗？

小杜：我这人挺清醒的，发现对方不忠诚之后就断干净了。分开一段时间之后，去医院做了一个 HIV 检测，当时医院给我的回复就是“存疑”。周一的时候，已经到省疾控中心去进行复检了，现在结果还没出来。如果这个最终定性为阳性的话，我要怎么去给自己维权呢？

龙飞：这个事情，看咱们想达到的最终的结果是什么。如果咱们想达到的结果是要追究这位同事的刑事责任，那么就要去证明对方知道自己有 HIV 阳性的情况下，仍故意接近你、传染给你，这个行为是犯罪，要坐牢的。

如果你想达到的结果是经济上让对方对你有所赔偿，可能谈判是一个比较好的方案，“小 A 有可能坐牢”这件事情会成为你的一个谈判的筹码（我知道这个时候，听众们可能会更倾向于把故意传播 HIV 的同事送进监狱，关起来，这样才能切断传播的源头，这样也才能减少其他无辜的人被传染的可能性，这样才能拯救更多的未知的风险，但我此时此刻不能建议小伙子这么干，因为我的职业操守告诉我，我要对连麦的这个小伙子个人负责，我要从他的角度分析利弊，我要从他的角度去帮他取舍，我要从他的角度去帮他预见将来有可能要面临的世间炎凉和人情淡漠，我不想看到他因为被社会排挤而成为下一个黑化的“同事”）。

小杜：大概说一下小 A 的情况吧。小 A 跟我一样大，都是 00 年（2000 年）的，家里是开酒店的。我爸妈分开蛮多年了，我比较小的时候发生了一些事情，在感情上很没有安全感……（听到这里，我感受到小杜在哽咽，从业十几年，让我产生了近乎“变态”的第六感。我已经意识到小杜小的时候可能被猥亵或者强暴过，所以我没有等小杜把难以启齿的话说出来，而是抢先问了出来。）

龙飞：你小时候被人“欺负”过，是吗？

小杜：对！

龙飞：小兄弟啊（这个时候我的内心是沉默的，我不知道该怎么安慰他，这个世界上的悲喜并不相通，我无法代替他去感受那样的无助，只能强装镇静，看看能不能在现实层面帮到他），这件事情因为周四才会出结果，我先跟你聊一聊，让咱们心里有点准备。无论周四出一个什么样的结果，首先要做的是保护自己，比如咱们该吃阻断的药，就立即吃阻断的药，积极配合。此外，你也要做好思想准备，假设确诊为阳性了，在面对疾病和外界眼光的压力下，如何保持自己的善良，才是最难的一件事情。（我知道自己说这几句话起不了太大作用。当我们面对命运的不公，“凭什么是我，为什么是我”，这样的呐喊会一直在心中萦绕，自己成为那个受害者的时候，又有几个人能真正保持善良呢？）

小杜：我现在想的就是怎么去处理这件事情，想听听你有没有什么好的意见。这件事情，在我的检查报告结果出来之后，我还要慢慢搜集证据，确实挺复杂的。我们市里比较好的律师也都说，全国没有几个这样的案子。我在想怎么处理比较好，想听一下你的意见。

龙飞：我的建议是首先要自保。自保是什么意思呢？你的父母离婚了，在经济上如果没有办法给你过多的支撑，所以无论检查结果如何，你还是要保住现在这份工作。有收入，你才有底气面对未来的生活，才能够去积极地治疗。首先，咱得有钱，咱得有收入来源。

小杜：我的工作岗位比较特殊，如果这个事情最终定性为阳性的话，我目前这份工作肯定是保不住的。

龙飞：假设这份工作保不住了，你还有其他谋生的手段吗?

小杜：我以前做过自媒体，因为我的长相还可以，而且我学过音乐。

龙飞：先说最坏的打算。假设结果呈阳性了，假设工作没有了，假设这件事情被你周围的人知道了，你心里有压力的话，也可以找一份不需要过多与人打交道的工作。就比如说，你接着做自媒体也挺好。

小杜：即使走到最坏的那一步，我还是希望能和龙飞律师一样，能够给感染 HIV 这个群体的人带来一点帮助。我曾经接触过这样一些朋友，我知道他们也活得挺辛苦的（当我听到这里的时候心里微微一颤，一个自己马上就要进入深渊的人，他想到的，竟是如何帮助深渊里的其他人）。其实，我心态还是不错的，因为不管怎么样还是要好好生活。

龙飞：如果有一天你心里面能够释怀，也不介意其他人知道你的故事，或许你会成为帮助其他人（其他的艾滋病患者）的那个人。

小杜：如果要提供证据的话，有没有什么取证的路径呢?

龙飞：要证明小 A 之前就知道自己有艾滋病，就得拿到对方之前的诊断记录，这是最直接的证据。另外，要小 A 自己承认，比如你有录音或者录像，小 A 承认了：“我几年前就得了艾滋病，我就是不想让你好过，就是想要拉你下水。”这会是一份强有力的证据。当然，最直接的还是拿到小 A 的检测报告，对方就无法再抵赖了。

小杜：行。

龙飞：我们假设当你拿到确诊报告之后，正常的情绪应该是找小 A 去对质，与此同时偷偷地录音或者录像，或找一个有监控有摄像头的地方，这样才能最真实地反映出真实状况。

小杜：谢谢。

龙飞：我希望你能好运。希望周四的结果是好的结果。

第二次咨询（拿到检测结果后，又找我咨询）

龙飞：你的检查结果出来了吗？

小杜：结果不算太好，后续疾控会给我一套治疗方案。今天主要是来跟直播间的朋友们说一下结果，因为我感觉他们也挺担心的。

龙飞：传染你的那个人，现在知道你的检查结果了吗？

小杜：我暂时还没有去告知，因为我希望自己能有一套比较好的应对方案。如果是走司法程序，我肯定要找到对方的病例报告。我希望一切行动建立在确定的结果上，所以还在进行准备。

龙飞：如果能够确认小 A 明明知道自己有这个疾病，还主动找你，主动与你发生亲密的性行为，那说明这个人真是其心可诛。

小杜：我有一次翻小 A 的手机，发现了很多其私生活混乱的记录。

龙飞：假如你因为现在的单位和工作有特殊性，不得不辞职，没有了经济来源，那么以后的日子该怎么过？以后的治疗、维护等各方面的经济来源该怎么办？如果你的家庭条件特别好，父母能够给你一点支撑，那还好一些。如果父母不能给你足够的经济支持，你就要想好以后怎么谋生。你可以选择不公开这件事情，自己默默地治疗，安静地生活，也不会感受到外界也许会出现的异样的眼光。如果你不公开，你的生活可能会轻松一些、简单一些，心理压力会小一些。这也意味着，你不需要走公开的司法程序。

反过来讲，如果不忍气吞声，正面地争取自己的权利，那你就必须走司法程序了。一旦上了法庭，你要做好这件事情要被大家知道的心理准备，那么你后面将面临什么样的情况，你愿意接受吗？

我们不知道这件事情是否对人性是一个巨大的考验。在这个过程中，或许你会遇到很多善良的人，但这些善良的人可能只能给你一些遥远的善意，他们离你太远了。但是你必须准备好面对你身边的人，他们会如何看待你，是会同情还是会躲避？谁都无法预料。

小杜：龙飞律师的提醒，我会好好斟酌。我甚至还不知道应该以什么样的一个方式去让我的家人知道这件事情。或者，我能不能让他们知道？按照我自己的想法，我是希望自己一个人能把这件事担下来的，因为我不希望影响到他们的生活。

龙飞：爸爸妈妈多大年纪了？

小杜：40 多岁。我爸妈分开了，我跟我爸的关系也不太好。我妈在经济上还能稍微帮我一下，因为她有比较稳定的收入。我还有两个比较好的朋友，从这件事情发生之后，他们一直陪在我身边，也让我感受到了支持和善意，让我有勇气去面对未来的生活。

龙飞：小伙子，我给你出一个主意好不好？这是一个大胆且理想化的想法：你把你现在正在经历的一切都做成记录。你当下所感受到的人的善与恶，你所体会到的内心的焦灼与恐慌，甚至有的时候内心的阴暗，都可以把它们记录下来。真到有一天咱没有经济来源了，咱还可以把这些经历写成书，不公开你的照片与真实姓名，但可以公开你的抗病日记。不仅可以给同样困境的人们带来安慰和鼓励，还能有稿费收入，挣钱养活自己。

小杜：如果在法庭上公开的话，也许我可以换一个离家稍微远一点的城市，一个人生活。

龙飞：如果你是我的孩子，我可能会建议你不要轻易地公开，你可以安静地去过自己的生活，但一定不能像那个伤害你的人一样去伤害任何人。我们就自己关起门来过日子。(其实我内心真实的想法是，如果这是我的孩子，我一定不会放过那个故意传播疾病的小 A，我会想尽一切办法把小 A 的事公之于众。一方面，这是为自己的孩子讨个公道；另一方面，也避免其他的人再受传染。但是我真的不敢直接这么建议，我害怕这个小伙子无法面对被公开之后的结果。周围的人们是否能接纳他？他是否会被心理压力摧毁？)

(注：为了保护咨询者的隐私，以上的人名及身份等都进行了改编，但保证案例的真实性。)

多问自己：他到底是个什么样的人

我和小杜结束了连麦。挂断连麦后，我的心情还是无法平静，沉默良久，我还是忍不住想多说几句。

小伙子，你在遇到人生中这么大的事情的时候，还能保持善良，很难得。因为很多人的人生一旦遇到重大的疾病、遇到重大的变故、遇到特别大的困难或者凄惨的境遇时，很难保持内心善良，希望你能保持下去，愿善良的人能被这个世界温柔对待。

其实直播间里很多人展现出来的善良是因为我们有遥远的距离，我们离得很遥远，所以我们给一份善良，给一份温暖，这个事情是容易做到的。

怕就怕你周围的人——经常见面的、经常跟你在一个圈子生活的人，这样的人想要保持善良和温暖，是一件很难的事情。

对于遥远的温暖、遥远的善意，人们的感知力是钝感的；而对于现实生活中每天能够见到面的、每天能够打到招呼的人，人们的感受就会被放大，会很具体。

在小杜这件事情上，那个传染他的同事很可能明明知道自己已经被感染了，却疯狂地追各种各样的人，找各种各样的亲密对象，小杜这位同事的行为，与报复社会无异。这位同事在拉更多的人下水，一起跌下深渊。

而被感染的小杜与这位同事是两种人。可我担心的是，或许他们单位的那个同事之前也是被别人故意传染的，或许在刚开始的时候这位同事也想保持善良，但是疾病会吞噬人的灵魂。如果在疾病吞噬了人的灵魂和心性之后，人还可以保持善良吗?

我们在电视剧里面经常看到，当一个角色出现时，我们会担心这个角色黑化。

举个例子，我们看到《星汉灿烂》里面的姎姎，第一反应是什么：姎姎在这样的环境下长大，会不会黑化?答案是没有。一般情况下人为什么会黑化?是当他遇到了极端的事情，感受了外界的恶意之后。

如果一个人感受的始终是善意更多，那么这个人黑化的可能性就更小。

我想表达什么意思呢?

我想告诉大家，也是呼吁大家，假设我们身边也出现了跟小杜相同的情况，我们要多一份善意，多一份接纳和理解，多一份关爱，把他们当成正常的人去相处，这样能够减少一个人黑化的可能，少一个黑化的灵魂。

拉回到现实吧。

从这个故事中，我们应该吸取什么样的经验教训呢?

我认为，我讲这个故事的目的就是想警醒大家。我想让大家知道，现在患艾滋病的人，就在我们身边，可能是我们的同事、同学、亲人、朋友，我们无法想象他们经历过什么样的内心煎熬和挣扎。所以，每个人在选择伴侣，在与对方发生亲密关系的时候，都应该在心里打个问号。

不仅仅是问问他／她在生理上是否有像艾滋病这样的传染病，还要问问自己：他／她到底是个什么样的人？他／她是不是“黑化”了？

不要被暂时的浪漫感情迷了眼，你要知道，你对面的这个人，即将进入你的人生。

婚前篇

先成为好的自己，
再遇到好的爱情

01

聊聊爱情观：先谋生再谋爱

好的爱情，到底是什么

20 岁的时候，看《泰坦尼克号》，我会被杰克与萝丝的爱情所震撼，所感动。尤其是看到在沉船之际，萝丝原本已经在未婚夫的安排下上了救生艇，却因为突然意识到杰克可能没有机会逃生时，义无反顾地从原本已经快要降到海面的救生艇上奋力一跃，跳上“泰坦尼克号”的甲板，选择与自己所爱的男人共同面对生死。那一刻，我承认，我的心被震撼到了。

那时的我相信爱情的力量真的可以让人不顾生死，赴汤蹈火。这辈子如果没有这么义无反顾地爱一回，是不是算白活了？

30 岁的时候，再看《泰坦尼克号》，经历过生活磨难的我只会想，如果杰克和萝丝没有遭遇船难，他们都很幸运地被救上了岸，他们会有情人终成眷属。

他们结了婚，萝丝陪着杰克一起卖画，一起谋生，一起浪迹天涯、环游欧洲。或者当萝丝发现以他们的收入，连带卫生间的房子都租不起的时候；当萝丝发现每天晚上用热水洗澡变成一种奢望的时候；当萝丝发现怀孕之后连去医院看医生都拿不出钱的时候；当萝丝发现再也吃不起曾经喜欢的甜点，再也用不起曾经喜欢的香水，再也买不起曾经喜欢的礼服时，她会不会后悔当年的选择？

对不起，或许我不该打破女孩子们对爱情的美好憧憬。

可是身为一个快40岁的中年妇女，我又觉得自己有义务告诉你们爱情和婚姻的真相。再浪漫热烈的爱情，也终将落脚于婚后的柴米油盐。

听到这里，一定会有人质疑我，难道没钱的男人就不配拥有爱情吗？难道穷小子就不能逆袭吗？难道女人看病、生孩子都拿不出钱不该反思一下自己为什么没本事吗？凭什么自己没钱都是男人的责任？

面对这样的质疑，我只能说，你说得很有道理，这就是我一再强调女人要“先谋生再谋爱”的原因。某位女校长看到自己的一个学生当了全职太太回学校捐款，恨铁不成钢地说了句“滚出去”。这个一下子上了微博热搜，有的人力挺，有的人谩骂，很多人问我怎么看这个问题。如果你只是我萍水相逢认识的人，我会跟你说，我尊重你的选择，你的人生你做主，每个人想要的生活都不一样，全职太太也可为社会做贡献，全职太太也应该得到更多的尊重和认可；但如果你是我的亲人——女儿、侄女、外甥女，我会跟你说，永远不要为了谁放弃自己的成长，永远不要把自己的价值观局限在带孩子照顾家庭这件事情上！你必须要有能力，要有钱，要有能挣钱的才华，你才可能拥有真正的幸福和自由。

想象一下，如果《泰坦尼克号》中的萝丝是一个大女主的人设，自己有实力、有产业、有头脑、能赚钱，她想跟谁恋爱都是她的自由。可萝丝偏偏是一个没落的大小姐，爸爸去世后留下一些债务，妈妈每天都在强调她们已经没有家产了。妈妈在劝她不要再见杰克时，说的话大概是：找个有钱的未婚夫，否则你真的忍心看着妈妈这把年纪了还要沦为给人家洗衣服才能填饱肚子的女佣吗？

萝丝认为，按照妈妈的意愿和一个自己不爱的人结婚，这对她太不公平。妈妈说，当然不公平，可我们是女人，我们的选择注定是不容易的。

更何况在那样的时代背景下，一个养尊处优，整天只会弹琴、看剧、参加各种 Party 和沙龙的女孩子，她离开了原有的社交圈子，到达底层百姓的世界，她又能如何谋生呢？

也许你会说，电影里的萝丝自己一个人闯荡美国，也成了一名演员，自己也可以谋生啊。没错，可实际上演员这份职业她也没干下去，后面她还是嫁人生孩子去了。

再说说杰克，靠打赢扑克牌才得了船票的人，如果在现实中，会靠谱吗？

To make each day count（享受每一天）是他的生存态度，但在我看来，他的行为说白了，就是走一步看一步，脚踩西瓜皮，滑到哪里算哪里。

那么爱情到底是什么呢？

历史上的芈八子到底有没有爱过义渠君呢？电视剧里的大玉儿对多尔衮的感情算不算爱情呢？《甄嬛传》里的皇帝到底有没有爱过甄嬛呢？《知否》里的明兰真的爱顾廷烨吗？《白鹿原》里的黑娃真的爱田小娥吗？《父母爱情》里的安杰真的爱江德福吗？

我想，每个人的心里都有自己的一杆秤，都有自己的标准，每个人的经历不同，对爱的定义也会不同。

在你吃不饱饭的时候，如果有一个同村的大哥哥愿意每天给你送一个烧饼，或许你会爱上他；当你身体不舒服却被上级逼着喝酒应酬的时候，同桌的一个男同事上来为你挡酒，再送你回家，或许你会爱上他；当你父母病重，无依无靠，没钱治病的时候，愿意大半夜陪在你身边为你东奔西走去医院排队挂号，寻医问诊的邻居，或许你也会爱上他。

在新闻里，我们也无数次看到爱情的样子——当看到阳台上的丈夫，哪怕浑身被大火烧烂也要把妻子牢牢抱在阳台之外隔离大火时；当看到车祸现场的丈夫明明已经得救，得知妻子已葬身火海却义无反顾冲向火海时；当看到监控中地震来临丈夫本能地把妻子护在身下时。这些伟大的爱情值得赞美，但不能用这些场景来对标普通人的日常的平凡生活。

所以，爱情到底是什么呢？龙飞斗胆说一句，爱情往往是一个生命周期非常短暂的“东西”，遇到真正完美的爱情，也只是一种相当不确定的概率。

并不是每一个人都能遇到爱情，并不是每一个人都需要爱情。是的，你没听错，这些话说出来很容易让人感觉失望，可能在这个世界上很大一部分人，终其一生都不曾体验过所谓矢志不渝的爱情，但他们照样生存，照样生儿育女，繁衍后代。

结婚是一项“必须”的任务吗

如果你的男朋友背着你跟另外一个女人办了婚礼，过了一个月之后分手了，然后回来跟你说兜兜转转你才是他的真爱，这个时候你会怎么办呢？

接下来我要讲的是一件真事。

我有一个女粉丝 30 岁出头没有结过婚，本身经济条件很好，有一套房子是全款的，另外一套房子还差 20 万元贷款没还完，除了房子之外，自己还有一辆 30 万元的车，手上还有七八十万元的存款，说是可能准备要结婚了，但是心里不踏实，想来问问我这个婚该不该结。

我首先问她，男朋友是干什么的，经济条件怎么样。

她说这个男生经济条件一般，工作也不是什么铁饭碗。

第一，没有房子；第二，有一辆10万元的车；第三，有30万元的存款。

但是男方想跟她结婚的意愿非常强烈，跟女方说："如果你愿意跟我结婚，我就先把30万元的存款都给你。"虽然他嘴上这么说，但实际上只打了10万元给女方表达"诚意"。女方并不想真的要这笔钱，犹豫着要不要还回去。

我问这个姑娘，你现在心里面最犹豫的是什么？是因为他条件不如你吗？

姑娘说："条件不如我，我可以接受。我心里面最困惑的是他曾经在跟我交往的过程中，背着我跟一个小学女老师办过婚礼，而且他们在一起生活了一个多月，最后那个女的悔婚了，不愿意跟他领结婚证，分手了他才回来找我的，说看来看去还是更想跟我在一起。"

我当时一听，都快绷不住了，恋爱中的女人怎么可以这么糊涂？怎么可以那么容易就被人家糊弄了？

我问："之前那个女的跟他分手，你知不知道是什么原因，分手之后他们家有什么表现？"

她回答说："只知道那个女老师不想跟他好了。当初办婚礼的时候，据说人家女方出钱更多，他那方只出了一点钱。但女老师向他提出分手之后，他的爸爸妈妈居然跑到人家学校里面拉了横幅，要人家退钱，说那个小学老师是骗婚，而且行为不检点，还没有跟他儿子领证，就已经发生了关系。”

听到这里，我特别想恭喜一下这个粉丝。

我说：“姑娘，你今天跟我连麦你就连对了。你要是稀里糊涂跟这个男人结婚了，你以后的日子极大可能会是身在炼狱一般。为什么？我帮你分析一下：

“第一，这个男人的人品太差，他跟你好的时候背着你跟另外一个姑娘办了酒席，还在一起生活，证明他在骗你。

“第二，你并不是他的首选，他大概率并没有那么喜欢你，他说‘看来看去还是更想跟你在一起’，而实际上是那个女老师不要他了，他才回过头来找你。

“第三，他回头来找你最主要的原因恐怕是你的经济条件非常好（我不得不做出这种揣测），你是一个适合他结婚的对象。

“第四，他主动表达愿意给你30万元，但实际上就只给你打了10万元，也许他还是在试探你，并没有下定决心要娶你。

“第五，你觉得这10万元能落到你手里吗？按照他们家这种做派——他们敢去拉横幅，控诉前女友行为不检点，你只要是哪一天跟他分手了，他一定会想尽一切办法，使用手段逼你把这10万元退给他。他知道你经济条件好，根本就不差这10万元，就算分手了，他也一定有办法让你吐出来。

“第六，你要评估他父母的品行如何。儿子跟准儿媳妇分手了，不反思自己儿子有什么问题，首先跑到准儿媳妇的单位去拉横幅、去闹，这叫什么？这叫‘要坏就坏一窝’。父母的人品，也值得我们怀疑。

“结论：请你慎重考虑结婚事宜，不要盲目地感动。你要是嫁到这样的人家，以后的日子大概率会很艰难。”

姑娘听完之后，特别清醒。她说：“龙飞律师，我决定不嫁了，其实我本来就没那么喜欢他和信任他，这么犹豫不想放弃，主要是因为年纪到了。”

我想告诉所有的姑娘，我们必须认清一个事实：嫁错一个人和被催婚这件事情相比较，你要面临的压力和伤害，那根本就不是一个数量级的。你如果三十几岁不结婚，最多面临的是爸妈对你的催婚，亲戚朋友对你的絮叨。但如果你嫁错一个人，尤其是再生个孩子，你面对像上述案例中的这样一家人，你经济条件再好，到最后也可能“连骨头都不剩”。

在上述案例中，女生还只是见识了她男友爸妈的为人处世，如果了解他们家七大姑八大姨是什么性格，也许更全面。我就见过这样的例子：有个姑娘的亲戚反复找各种理由借钱，把她家家底都掏空了，最后没钱给他们了，就被埋怨小气、不帮亲戚等。

所以，未婚的姐妹们啊，如果你没有遇到自己真正中意的、适合的人，那么暂时单身也无妨。不结婚，你要面对的压力都是心理上的，但一旦你为了避免这种压力，选择去嫁给一个自己看不准的人，嫁错人之后，这种痛苦它是有形的——你每天都得面对这张脸，孩子会绑着你的下半生，让你跟这个人无法割断关系。就算你有勇气离婚，每到逢年过节的时候，孩子过生日的时候，高考的时候，孩子将来结婚的时候，你还得跟这个人去相处，那样的痛苦是具象的，比被人催婚给你带来的伤害和恐惧要苦上一万倍。

所以，如果没有找到对的人，宁可一个人过。

如果遇到好的婚姻，那就好好经营

在传统观念中，婚姻是女人的必修课。女人 30 多岁不结婚，难免承受父母、亲戚的催婚，难免要面对周围人的异样眼光。似乎不经历婚姻，女人的一生就是不完整的。

但是，如果你像完成一项任务一样对待婚姻，真的会幸福吗？

我遇到过一位当事人艾米，她是牛津大学设计学院毕业的建筑学博士。毕业之后一直在创业，用四年的时间赚了 2000 多万元，在她所在的行业小有名气。虽然在事业上很成功，却始终没有结婚。

由于长期单身，父母和朋友都很为她着急，隔三岔五给她介绍对象，被催婚已经成了她的常态。甚至，艾米的父母还把她的资料打印出来，贴在公园的相亲角，二老没事儿就去公园溜达，物色满意的对象，希望早点把这个女儿嫁出去。

逢年过节，艾米更是不敢回家，生怕因为催婚，闹得一家人不愉快。

艾米对我说："对于结婚这件事，我想问问龙飞律师的看法。婚姻的底层逻辑是怎么样的？人为什么要结婚呢？以我的性格，恐怕很难什么事情都听男生的。而且我看到了在您直播间里进行咨询的那些婚姻纠纷。婚姻真的那么难吗？既然这么难，干吗要找个男的结婚呢？"

很多女性都面临着艾米一样的问题，而且其中很大一部分确实都是非常优秀的女性，她们事业成功、思想独立，却似乎总是找不到结婚的理由。

之前我还遇到过一位当事人，她的前夫由于职业的特殊性，他们结婚的前几年处于异地，相处不多。后来他们有了两个孩子，男方进行了工作调动，两人开始生活在一起，才发现有很多矛盾。两人走不下去的原因，不是出轨，也没有家暴和婆媳问题，纯粹是男方受不了一起生活的氛围。

女方在乎对方的每一个眼神，每一句话的语气，每一个态度。每天要打好几个电话确认老公在哪里，跟谁在一起。有时候还会打电话到他单位去，跟其他同事求证，“今天是开会到七点才散的吗？”整天就像一个刺猬似的，非常强势，她压根儿也不知道如何经营自己的婚姻。

她的丈夫坚决要离婚，离婚的时候两个孩子一个4岁，一个2岁。离婚以后，她还主动给前夫送衣服，想挽回感情，但没有成功。后来，她认识了前夫单位的一个同事，对方也是离婚的。他常常安慰她，后来两个人走到了一起，还结婚了。但二婚以后，她依然觉得当下的婚姻也不太理想，因为两个人的重心都放在了各自的孩子上。

我觉得，这位女士没有把婚姻经营好，最大的问题不在她两任丈夫身上，而是她根本不够爱自己。如果她不改变，不管她跟谁结婚，都会陷入同样的怪圈。

一个女人要想把日子过得好，第一点是要无比爱自己。爱自己的身体，爱自己的身材，爱自己的声音，爱自己的爱好，爱自己的思想。要自己喜欢上自己，把注意力放在自己身上，要真正地成为自己。

今天看到一件毛衣好好看，我穿上一定很好看，就下单买个毛衣；今天听到一首歌太好听了，我就要花时间学这首歌；今天看到一本书特别吸引人，那就一个下午的时间都可以在阳台上沉下心阅读；看到有的女生弹吉他太酷了，我也要去尝试，去学。人一旦把注意力放在自己身上的时候，整个人是散发着光芒的，散发着吸引力的。

让自己变得更好是解决一切问题的关键。我希望所有的姑娘，学会把注意力放在自己身上，放在自己的工作和事业上，你有一定的财务基础了，可以适当地为自己花钱，先经营好自己，保持好的状态，自然不会对婚姻感到焦虑。因为你已经笃定自己足够好，你给了自己足够的安全感，不需要在对方身上索取，两个人处于势均力敌的状态，才可能经营好自己的婚姻。否则，不管你跟谁结婚，最终的结果还是一样的。

我们再退一步，一起来思考一下，女人就一定要结婚吗？

你有没有想过自己为什么要结婚？找一个长期饭票？找个伴分摊生活成本？为了遇事能有个人商量？无聊了能有个人说说话？回家了能一起开开心心吃个饭？这些是又不是结婚的理由。

我的观点是，人不一定非得逼自己结婚，但是在适当的时候，一定需要伴侣。至少我本人是很难做到每天都独自去面对生活中的柴米油盐、三餐四季、人情往来。我知道很多女孩子觉得只要自己有钱，马桶坏了可以找修理工，停电了可以找物业，油烟机脏了可以找上门服务，烤箱坏了可以找售后，似乎真的可以潇洒到不需要男人。可是姑娘们，如果你现在是单身，无论你是多大年纪，请你也保持一颗开放的心态来面对、来接纳、来体验，不要关闭自己获得伴侣的那扇机会之门。

两个人相处，有难的时候，但也有幸福的时候。物色好真正适合自己的、人格完整的对象，好好经营自己、经营婚姻，把日子过好！

暂时不谈感情，让我们来谈谈责任

也许对于一些女性而言，婚姻并不是人生的必需品。从法律角度来看，婚姻本质上是对财产和血缘的保护。当女性有足够的经济实力和社会地位，能够保护自己时，似乎并不需要婚姻来保证自己的财产权。

结婚之后，妻子和丈夫之间就会在法律上负有相互扶持的义务，两个人之间的关系也会变得更加紧密。相比于一个人而言，两个人共同抵抗风险的能力更强了。

如果暂时不谈感情，单单从法律和经济角度看，我常把缔结婚姻组成的家庭，比喻成一家合伙企业。夫妻双方在这家企业中都是股东，既要承担企业内部和外部的风险，也要获得合伙企业的收益。当然做生意、办企业也要有散伙的思想准备，经营一段恋情或者婚姻更应该如此。

我直播间里的很多小伙伴给我留言说：“龙飞律师，我都不敢看你的视频和直播了。看到你分享那么多失败的婚姻故事，我真的要患上‘恐婚症’啦！”

其实，你大可不必为此纠结，因为我直播间分享的那些婚姻纠纷、恋爱纠纷，毕竟是少数，而且是比较极端的案例，我们不能因为吃过一个臭鸡蛋，从此就再也不吃鸡蛋了。

人不论是恋爱还是结婚，都需要学会给自己提前上一道保险。这不是为了算计对方，而是最大限度地保护我们的人身和财产安全。

我们要知道，大部分的婚姻纠纷都是可以避免的，这也是我想创作这本书的初衷，希望大家可以在情感和婚姻这件事情上进行更加理性的决策，避免让自己后悔。即使选择不结婚，也要学会保护自己，不至于因为突如其来的风险，给自己的生活造成负面影响。

如何判断恋人是否适合结婚

对于是否结婚，要视自身的条件进行理性判断。当你已经下定决心步入婚姻的殿堂，应该怎么判断自己的伴侣是否适合结婚呢?

分享一个案例。

我的一位当事人小齐，从小就是个品学兼优的好学生，平时也很喜欢学习各种知识。在做婚姻咨询的时候，她却对我说:“龙飞律师，我发现对于如何选择结婚对象这件事，我们从小到大完全没接受过这方面的教育。但是，结婚可是一件终身大事啊，我连怎么判断对方是否适合做我的伴侣都不知道，婚姻简直就像刮彩票一样！您有什么好的建议吗？”

小齐的男朋友是朋友介绍认识的，男生是一位做半导体研发的工程师，985大学的本硕，毕业之后落户到北京，虽然不到30岁，但是年薪已经有70多万元，而且未来还有一定的升职加薪的空间。

小齐的男朋友不仅智商高，人也很正派。两个人的感情融洽，小齐甚至觉得男朋友对自己太好了，简直是把自己捧在手心里。小齐对自己的男朋友很满意，却不知道自己适不适合跟现在的男朋友走进婚姻。因为她也听说过身边人的一些不太好的经历：结婚之前，两个人简直是你好我好，结果婚后其中一方完全变了一个人，夫妻只能劳燕分飞。

也正是这个原因，小齐才在我的直播间里提出问题：应该怎么判断自己的伴侣是否适合和自己结婚？

原生家庭很重要

我认为，考察对方的原生家庭是什么样子，是评判男朋友是否适合结婚的一个重要维度。在决定是否要和自己的对象结婚之前，可以见见他的爸妈，了解一下他原生家庭的成长环境，了解他父母之间是如何相处的。

对方父母是否离婚不是重点，重点是他们就算离了婚，是不是也能像朋友或者亲人一样和平相处，一家人之间是充满了善意和关怀，还是充满了仇恨和怨怼。

听听未来婆婆对自己儿子的评价，如果准婆婆属于《知否》里孙秀才母亲那样的婆婆，你就要长个心眼儿，提高警惕，及时止损。

为什么？这样的婆婆眼里，儿子没有缺点，如果你们婚姻出现问题，一定全都是儿媳妇的错。你去看看《知否》里孙秀才的母亲就知道了，原本也是穷苦人家，就因为儿子12岁中了个秀才，从此就"飘"起来了，逢人就夸：我儿子是秀才，秀才你知道吗？那是宰相根苗，算命先生给算过了，将来是宰辅之才。

为了让儿子专心读书，严格限制儿媳妇和儿子同房的次数，一年也就同房三五回，反过来又埋怨儿媳妇没给他们家添丁加口，简直令人哭笑不得。有这样的婆婆，十个家也能给拆散了。

所以，结婚之前，一定要多接触对方的父母，在和对方的父母交流时，你可以了解他成长的过程，判断出结婚之后的婚姻模式。

也可以让你的父母和男朋友多接触，多聊一聊，有时候妈妈的第六感会惊人地准确。

《王贵与安娜》里面的安娜在准女婿第一次上门时，就断定这个女婿并非女儿良配。为什么？因为进门的时候，所有礼物，大包小包，都是女儿自己拎上来的，男生一点也不知道心疼女儿。从这一个细节，妈妈就判断出婚后女儿肯定会过得比较艰难。事实证明，妈妈的看法是正确的。

为什么选择伴侣要重视原生家庭？李玫瑾教授有一个关于家庭教育的观点，我复述出来供大家参考。她说原生家庭对人的影响就好比是给一台电脑安装系统程序。怎么理解这句话呢？电脑的软件可以说不计其数，但所有电脑最先安装的是什么？是系统软件，这是决定这台电脑将来能不能正常使用和运转的基础软件。

对我们每个人来说，原生家庭就是我们成长过程中的系统软件。我们从商场里买了一台新电脑，只是有骨架、硬件，这台电脑是没法用的，我们需要给这台电脑先装上系统软件、操作系统才能正常使用。而我们刚生下来就像是一台裸机，如果没有人给你安装系统软件，你就无法成长，你知道自己的系统软件是谁编程的吗？答案就是父母、是家庭。比如吃饭拿筷子还是拿刀叉，说话的方式，语言表达习惯，跟人相处时打招呼的方式，说话是否礼貌？待人接物是否谦和？比如不撒谎，不能偷拿别人的东西，自己做错的事自己承担，这些都是最初的系统软件。这个系统软件如果有缺陷，那就容易出现 bug，一旦有 bug，你在跟他人共同生活的过程中就容易出问题，而这样的问题往往是难以调和的。

评估他的价值观

除了原生家庭之外，最好再了解一下他的同事和朋友。

偶尔组织一些朋友聚会，比如一起唱歌、烧烤、旅游等。在聚会的时候看看他和朋友们有哪些娱乐活动，他和朋友们是什么样的相处模式。

同时，听听他对朋友们的评价，这可以体现出他本人的人生观。

比如，他的朋友中有没有人抛弃妻子，或者特别不在乎配偶的感受，甚至有过家暴、出轨等极端行为？如果有这些行为，那么他对朋友的这些行为是怎么评价的？是否是理性的、客观的分析？

对待收入水平可能不如他的人，比如对待服务员、快递小哥、滴滴司机、家政阿姨、清洁工是什么样的态度，也要去观察一下。他怎么对待他们？是看不起这些人，还是富有同理心，还是可以平等地相处？

对这些问题的看法和与人相处的方式，往往会表现出一个人的本性。

多跟他最亲近的朋友、同学、亲人去聊天，捕捉他们不经意间流露出来对这个人的真实感受。他如果对朋友、同学、亲人都非常有责任、有义气、有担当，那么大概率下，他对你也不会差到哪里去。记住，不要试图去改变一个人，不要期待一个对父母、亲人、朋友都抠门冷漠的人唯独对你大方温柔，不计代价地付出，你要知道，一个人骨子里的冷漠、自私和不负责任是很难改变的。

听听他的金钱观

另外，你还要重点观察一下他对钱的看法。

婚姻的维系，离不开财产保护机制，对方对钱的看法会直接影响到婚姻中对涉及财产问题的处理方式。

那么，你需要考虑这样几个问题：男友对钱是不是特别看重？当他需要让渡一些自己的金钱利益时，是大大方方还是锱铢必较？如果男友很看重一些小利，或者拒绝分享自己的财富，那么你和这样的人结婚可能因为一些关于财产的小问题而产生矛盾，严重时可能会导致婚姻破裂。如果你现在对金钱毫不在意，觉得自己能够接受这种类型的男生，那务必要提前想好万一发生金钱纠纷的应对措施，尽量避开可能出现的风险。

找个情绪稳定的对象

我分享一个直播间的案例。有一位女粉丝跟我连线，她跟男朋友谈了 4 年，两个人一起创业，已经到了谈婚论嫁的阶段。男生比较大男子主义，也比较容易跟别人起冲突，好的时候很好，不好的时候也经常吵架，有时候会动手砸墙或者砸门，有一次甚至砸到手指都骨折了。

如果一个男人特别急躁，特别爱抬杠，连自己的情绪也控制不了，那他也无法掌控自己的未来。因为你不知道他什么时候会跟人打一架，遇到个硬茬，遇到一个不好惹的，遇到一个跟他一样不计后果、不管不顾的，那后果会非常严重，死伤都是极有可能的。

找人结婚，一定要找情绪稳定的人。情绪稳定是一个男人身上特别宝贵的品质，因为他情绪稳定，他每次开车出门的时候，你心里是踏实的，你知道他遇到什么事都能逢凶化吉。你不会担心他会经常与人发生冲突，即使偶尔与人发生矛盾，也会懂得体面地化解。

如果他情绪不稳定，无法控制自己的愤怒与不满，你真的不知道他出门之后会发生什么，也许他得罪了一个什么人，不只是会害他一辈子，还有可能给你和家人带来伤害。

当然，你一方面要去找情绪稳定的伴侣，另一方面也要修炼自己情绪稳定的本事。

看过那么多悲欢离合，你会发现，情绪稳定是一个人身上最成熟、最高级的品质。如果要结婚，一定不要选那种情绪大起大落的人。

什么叫情绪大起大落的人？琼瑶剧里马景涛演的那些角色（只谈角色，不是攻击演员），大都是情绪大起大落、大开大合的人。爱你的时候，恨不得拿小刀子划开胸膛掏心给你看；一旦情绪激动起来，又恨不得玉石俱焚。

不要跟那样的人结婚，后果会很可怕，无论男女。

当然，除了上述四个观察维度之外，还有一些普遍标准，比如对方的身体健康状态、征信报告、家族是否有遗传疾病和精神类疾病等。

把这些观察到的信息进行综合分析，可以清晰勾勒出你们婚后生活的状态。

当然，以上所有的判断标准都不是绝对的，没有谁能像一把尺子一样，丈量出谁适合作为伴侣，谁不适合。以下这些举措或许能帮助你排除一些明显的错误答案。

试试共同生活一段时间

在判断对方是否适合结婚时，也可以尝试在婚前和伴侣同居一段时间，在相处的过程中判断对方是否适合结婚。

也许有人会觉得女生婚前同居比较吃亏，自己要帮男生承担很多家务，像一个没有签订契约的保姆。但我觉得如果换个角度思考，这也是一个帮助你做人生重要决策的契机。

当然，选择同居的时间点很重要，一般在订婚之后比较恰当。在这个时间段之内，两个人处于相对放松的状态，很容易暴露本性。至于做家务这件事情，我们需要学会引导对方参与其中，而不要一味地迁就或者抗拒。

比如，你可以对男友说："我小时候经常想象，嫁人以后我要和老公在厨房里面一起做饭，我拍黄瓜你剥蒜，这才是家的感觉。我觉得这样特别温馨！"这在某种程度上是心理暗示，告诉对方在你做饭的时候，他不能做甩手掌柜，两个人一起在厨房做菜才幸福。

远嫁的女性，要提高自身的能力

考虑婚姻对象会常常遇到一个问题：远嫁。

我有一位女粉丝，她在云南老家当老师，是有教师编制的。她的男朋友是安徽的，做工程项目，平时是要到处出差的。男方家庭条件比女方好很多，女孩在考虑要不要远嫁。

我觉得，远嫁对绝大多数普通女人来说，都有一定的风险和难度。但也不是绝对的，在决策时还是要回归到自己本身。

以前我看过一部电视剧叫作《当家的女人》。女主很有本事。为人处世、待人接物、自我管理和业务能力各方面都强。这样的能力，让她嫁过去就能当家，能够管家里面大大小小的事情。远嫁对她而言完全不是难事儿。因此，如果你本人的能力很强，不管是性格、为人处世、情商、待人接物、管理能力各方面都很强的话，你可以选择远嫁。但对上面举例的这位粉丝而言，她遇到了最关键的难题，即教师编制的工作一旦辞了，想再找就太难了。舍弃自己喜欢的工作，放弃自己的安身立命之本，把幸福都赌在了另一半身上，这风险太大了。如果她选择远嫁，就必须做好应对各种困难的准备。

我们选择适合的婚姻对象，确实有运气的成分，没有人能够承诺，按照某个“万能公式”测试通过后的婚姻就一定会白头偕老，因为婚姻中存在着诸多不确定因素。但是，我们依然有一些简单的方法，来检验自己的另一半是否适合做终身伴侣，因为这个人的成长环境、价值观，都是我们可以了解到的“确定性因素”。

在结婚之前，按照以上的这些办法，对另一半、对自己进行分析和判断，在做了充分的了解之后，两个人以及双方的父母家庭都能达成共识，才能考虑领证结婚。

如果你反复衡量之后，觉得他不符合以上标准，还是决定与其结婚，我只能劝你提前做好全方位的应对准备，以免遇到紧急情况时方寸大乱。

我们消费观不同，我该跟他继续吗

小琦来找我咨询，以下是我们的咨询对话。这些话是说给小琦的，同样是说给你听的。

小琦：我是 1993 年的，本科是在国内读的，硕士是在国外读的。

我现在在东京工作了几年，工作还可以，我跟我男朋友恋爱 4 年多，我想让龙飞姐帮我分析一下，我应不应该和男友继续下去。

我打小就在一线城市生活，爸妈在公司里都是领导层，他们很宠爱我，我从小就是比较像小公主的那种性格。我男朋友比我大 6 岁，也是中国人，父母是退休的老师。他在国内“985”本硕毕业工作三年后，来这边读的博士。博士毕业之后，他在一家咨询公司工作，工作也比较稳定，薪资还不错，去年买了房子。

我们大概2018年的时候就已经见过家长了，我爸妈非常喜欢他。

他是一个高度自律的人，自我道德要求特别高，绝对不会做出很过分的事，在这方面我是比较放心的。但我一直在纠结一件事，就是我们两个的消费观不太一样。

之前发生过一件事情，让我特别生气。我们开车一块儿去奥莱，我大概花了一个月工资买了一些包，他就觉得不开心。可我是花自己的钱，我也没有说让他买啊。他觉得“按你这样大手大脚以后我们怎么结婚”。

类似的事情特别多。我隔几个月就要去一次米其林餐厅，男朋友觉得完全没有必要，一年去一次就很好了。这是第一点，消费观不同。

第二点，他是一个特别没有仪式感的人，因为我性格有一点“小公主”，我特别希望他能经常给我安排一些惊喜，比如说“5·20”啊、七夕呀，各种纪念日啊，但他几乎从来没有去做，即使做，也很少很少。

因为这件事我们去年还分手过，起因是去年我生日的时候，就想去一个一顿消费额六七千的餐厅吃饭，我旁敲侧击地告诉他我的需求，我以为他应该已经预约了，结果根本就没有。后来过生日的时候他跟我说，去这样高价餐厅的，都是缴“智商税”，没有必要。因为这件事我特别生气，就找了一个“男闺密”陪我去吃，他得知后很愤怒。

后来我们俩就分手了半年，最后我又主动把他给追回来了。

龙飞：姑娘，你一年挣多少钱？

小琦：一年四五十万元。

龙飞：你家庭条件挺好，是独生子女，爸爸妈妈也没啥其他负担是吗？

小琦：对。因为我爸妈非常非常喜欢我男朋友，觉得他人靠谱，学历也不错，非常顾家，特别适合过日子。说白了，我跟他继续下去的话，确实一辈子会过得不错。说不上大富大贵，但一定衣食无忧。可是如果就这样平平淡淡地过一辈子，有时又会感觉很委屈。

龙飞：你的家境很不错，自己也优秀，有能力，有赚钱的资本，每一个像你这样的女孩子或许都幻想过一些超级浪漫的场景：有没有可能我去某地之后，遇到一个“霸道总裁”，把某地整条街的鲜花都买下来给我铺路，然后向我求爱。

长大的过程中，你是基本未经人间疾苦的女孩子。你的世界从来都是被浪漫装点的，你对自己生活的规划、对未来的向往、对老公的设想，多多少少都有点不接地气。如果说，我是你的男朋友，我看到两个人要花六七千吃一顿饭，或者动不动就要去米其林餐厅，动不动就要花一个月的工资去买包——一个月辛辛苦苦挣的钱，一天之内就花光了啊，我心里面也会心疼钱。这是因为成长的经历不一样，大家对于钱的概念、对于钱的认知是不一样的。

如果说你的内心深处还寄希望于想找一个男朋友，他可以在某地包下整个酒店，给你搞一个灯光LED示爱，搞一个热气球环绕，或者搞一个什么鲜花铺满草地的求婚仪式，那你和现在这个男朋友就趁早结束，他不可能给你这样的东西。如果你慢慢开始了解人间世态了，你开始看到普通人的生活就是一日三餐，就是那样平平淡淡，就是那么简简单单，如果你还想跟你的男朋友继续走下去，那你需要对自己的认知和消费观做出调整，这样你才能跟他走得长远。

小琦：但是我就想要那份心。在一起四年多吧，他就送过我一个大牌的包。我不是看这个包怎么样，有时候就是会觉得有一点委屈。我怎么来寻找一个平衡呢？

龙飞：试着去了解他的成长经历，试着去了解他成长过程中的经济水平，比如问问他以前高中的时候生活费一个月多少钱啊，大学的时候生活费一个月多少钱啊。

另外，他现在一年大概能挣多少钱？

小琦：比我多一点，他不仅对我比较抠，对自己也很抠。

龙飞：姑娘，你始终是有选择权的，你的选择权在于，你要清楚地知道自己想过的人生是什么样子的，每一个女孩子都应该在脑海里描绘一个自己以后生活的场景。

有的女孩子可能在内心深处有特别明确的渴望，她就想：我这辈子一定要住别墅，我就要有游泳池，我就要有游艇，我就要穿着高跟鞋，穿着礼服在吊满水晶灯的大厅里跟朋友们觥筹交错，喝着红酒，品着咖啡，吃着牛排，听着音乐会。我就要过那种五光十色的所谓“上流人”的生活。有没有这样的女孩子？有。如果你是这样的女孩子，就请你放过这个男生，去追求自己想要的生活，这一点无关对错，就是遵从自己的内心。

你想要什么样的生活，你就去追求，你就去拥有，这就是你想要的，你得到了就是成功。

反过来讲，如果你想明白了，你想要的就是一个踏踏实实的人能陪你一日三餐，三餐四季，能共同做做饭，一起培养孩子，共同去经历风雨，一起攒钱，换更好的房子，换更好的车，一起向往更好的生活，那么这个男朋友会是很好的选项。

记住，一切无关对错，就在于选择。

小琦：可能我是介于两者之间的。

龙飞：那你不要着急做决定，你可以边走边看。人一旦明确地知道自己想要什么了，就会做出调整的。如果你不知道自己想要什么，不明确自己想要什么，在这段关系里面对自己是一种消耗，对对方也是一种消耗。

小琦：明白了，如果我跟我男朋友继续下去的话，龙飞律师有什么意见可以让我调整好自己的心态，让自己觉得更幸福吗？

龙飞：多去看看人间烟火气，有多少路边摊的妈妈带着孩子在路边摆摊。我曾经见过，孩子只能在妈妈的摊子下面支个台灯，在喧嚣的菜市场学习。有多少人是一边要背着年幼的孩子，另一边还在市场上杀鱼卖肉；有多少男人早上出去还得自己带着一个饭盒去工地里面谋生；有多少丈夫干了一天活，回来手都已经裂开了，攥紧200元或者300元交给他的妻子——这就是这一家人一天的总收入。

当你多看看这些人世间老百姓的日常生活之后，你慢慢再回过头来看，也许你的想法就不一样了。

其实你男朋友的一些观点我是非常认同的，很多东西就是消费主义的“智商税”，六七千元一顿的晚餐，换算成大米、面条、馒头、鸡腿、猪蹄，一顿晚餐的钱可以养活一家人大半年。

对不起啊。龙飞律师本人也逃不开生活给自己打下的烙印，我到现在也没有一个超过1万元的奢侈品包包，没有一件价值超过1万元的奢侈品首饰。一方面是因为龙飞律师本身就是穷苦人出身，我真的舍不得，每次看到这些价格，我都会在脑海里默默换算成上千斤的大米。另一方面，当你的认知到达了一定高度之后，你再观察这个世界，会发现很多消费场景其实都是一种营销手段，他们就是想赚有钱人的钱。我经常跟大家讲，结婚必须买钻戒，就是这个世界最大的“营销骗局”之一。还有很多人甚至愿意花180万元买一个包包，花30多万元买一个什么名牌的铝合金手镯，甚至还有人花几百万元买一瓶香水。这些在我看来，也都是“智商税”。

但是话说回来，姑娘，其实我也能理解你，因为在我们年轻的时候，心里面总会有一种向往，希望周围的同学、闺密、朋友、师长、亲戚、老乡，他们都能够见证我们的幸福，希望他们都能够看到有一个男人对我们多么用心，希望他们都能够知道有一个男人多么多么爱我们，对吧？

某种程度上，我们需要的仪式感，其实不是仪式感本身，是想让周围的人，让他们知道有一个男人为我们如此地用心。比如，求婚的场面要布置很大，要布置得用心，但这些真的是为我们布置的吗？其实不是，是布置下来让别人看的，让别人看到我们过得有多幸福，我们有多么值得被爱。

但是，当你步入了婚姻生活，有了家庭之后，你慢慢就会体会到，别人的看法一点都不重要，别人认为你过得幸福与不幸福一点都不重要，重要的是你每天早上醒来的时候面对着一张脸，心里踏不踏实。你每天晚上睡觉的时候，看到老公孩子在身边，内心有没有一份安宁，这个世界周遭的其他人都与你无关，其他人认为你幸福与否也与你无关，只有你自己内心的这一份安宁、踏实、自足才与你相关。

对。每个人的成长经历都会在人的身上烙下一个深深的烙印，就像一个梅花烙一样。可能我们这一辈子只有见过无数的人、经历无数的事情，才会清醒地看清自己身上这个梅花烙。看清这个梅花烙之后，想明白自己想要什么，这个时候人就活得通透了，就不再为周遭的人和事所绑架，不再被别人的观念牵着鼻子走。

虽然我今天说了那么多，我依然需要克制，我不能把我自己的想法强加于你。

聊到这里的时候，我们的连麦已经结束了，我也不知道小琦会做出什么样的选择。但是这个故事真的很值得所有女士来探讨和思考。

人跟人的想法不一样，我以前看过一个美剧《丑女贝蒂》，里面有一个印象特别深刻的桥段。因为贝蒂长得不好看，平时走在路上是会被完全忽略的“小透明”，当她有一天背上了妈妈的一个名牌包包，可能是LV也可能是GUCCI，总之，是知名品牌的包包。她背上这个包包走在路上的时候，发现路边建筑工地上有几个工人在向她吹口哨（在剧情中，对于一个相貌平平的女孩子而言，被工地上的小哥哥吹口哨调戏，反而变成了一种荣幸），她那一瞬间就感觉特别开心，心里想，一定是因为我背了这个包包，增加了我的自信，所以我散发了女性的魅力，以至于平生第一次有工地上的小哥哥向我吹口哨。

其实当我看到她那一瞬间惊喜的表情时，也就或多或少能够理解一些女孩子，她们喜欢背一个名牌的包包，喜欢戴名牌的首饰，或者喜欢穿名牌的衣服，某种程度上就像那个贝蒂一样，她们需要这些东西来让自己开心，让自己散发出自信，让自己散发出女性的魅力。

但是，姐妹们啊，龙飞律师不是说，如果你们去买这个名牌的包包，我就一定很排斥。不，每个人的心理需求是不一样的。比如，我哥他就特别想买一辆好车，朝思暮想，觉得“有一辆好车，开出去之后，其他人就会瞧得起我”。这些我都能理解。总之，尊重所有人的选择，在你自己的能力范围之内，在你自己能承受的消费水平之内，我尊重他人的选择。

我们的很多观点和看法，是离不开生活给我们打下的烙印的，我们都无法跳脱成长、生活经历、工作阅历和个人眼界带来的局限。正如《白鹿原》里的黑娃，虽然跟着鹿兆鹏闹革命，搞农协，但黑娃那个时候是无法理解鹿兆鹏内心真实的渴望的，让一个从没真正吃过饱饭的人胸怀天下，是强人所难的。正如我一直无法理解《泰坦尼克号》中的萝丝为什么要自杀，尽管她的父亲去世了，母亲没能力也没积蓄，只能依靠她。我没有道德绑架萝丝的意思，只是这个经历如果放在我身上，我或许会抓住身边一切可以让自己变得更有价值的机会，这里面除了那个爱我（想要控制我）的未婚夫，还有凭借父亲留下的好名声而让我可以企及的包括学识、眼界、商业认知、各行各业的精英朋友等。婚姻不是唯一的救命稻草，自己的生命力才是。

我同样无法理解《水云间》里的陆芊芊为什么会爱上那个“干啥啥不行”，还特别容易暴躁的画家；我有时想不明白，有些女人明明是白天鹅，为啥非得钻进污水沟子里扑棱。这些种种“想不通”，都是生活给我打下的烙印。

当然，我有自己的自知之明，并不会把自己的认知与价值观强加于任何人。我只能说，一个时代有一个时代的婚恋观，时代在变迁，婚恋观也在不断发生着变化，我借工作职务之便，接触过上万个活生生的案例，得以更加深刻和敏锐地捕捉当下的婚恋观，成为现今这个给你讲故事的人。

你们或许会有一丝好奇，生活给龙飞律师打下的烙印到底是什么样的？

我出生在贵州偏远的一个小山村，父母都是农民，爸爸读到高中，妈妈不识字。

我有一个哥哥，只读到了初中，我的生命轨迹原本应该是长到十八九岁的年纪，就开始准备嫁人、生娃、然后养娃。我记得小的时候，爸妈对我最大的期望就是，希望我以后能日子过得轻松一点，不用像他们一样面朝黄土背朝天，每日汗流浃背，走到哪里都被人瞧不起。妈妈给我讲过，很多年前，她有一次干农活累了，想进一家农村信用合作社歇歇脚，吹吹电扇，却被化着精致妆容、穿着制服短裙、踩着高跟鞋、喷着浓郁香水，手拿一本服装杂志的营业员嫌弃地赶了出来（或许是妈妈身上汗味太重，影响了她看杂志的心情吧）。而我的父母能想到的唯一能帮助到我的方式就是供我念书，直到今天，农村的孩子想要改写命运，读书仍然是一条最有效的道路。

我非常庆幸，在这条路上，他们哪怕是卖粮食、卖蔬菜、卖鸡、卖鸭、卖猪、卖牛、打工、当保姆，也从没有放弃过。我始终记得，爸爸为了每个月能给我挣300元的生活费，给黑矿山小作坊的老板打工，每天五点天刚擦亮就揣着一个饭盒，戴着一个缺口的安全帽，赶一个小时的山路，下井里去挖矿（即便矿工生活异常艰苦，照样有前赴后继的壮劳力为了谋生下井）。我爸因为念过高中，在工友里算是有文化的，工友们家里有红白喜事，都愿意请爸爸去做收礼金的记账先生。日子一长，爸爸在工友圈子里有了些威信。可老板担心爸爸在工友圈子里的好人缘会威胁到他的管理，怕他挑头闹事，逼着他辞职，但爸爸却厚着脸皮抛下尊严赖着不肯走，因为一旦走了，女儿下个月的生活费就没了着落。

每次想到这么一个一生要强又好面子的男人，死皮赖脸给人下井挖矿，豁出命也要赚钱供我念书，我还是会掉眼泪。

我的爸爸时常感慨，真羡慕我生在这样的时代，每个人都可以通过读书，通过高考，通过念大学改变自己的命运。我的妈妈时常提醒我，一个山里的妹崽（贵州话，女孩子的意思），能有今天的生活，一定要有自知之明，要懂得知足和惜福，不能忘本。

自知，知足，惜福，不忘本。这些就是生活给我打下的烙印吧。

遭遇前男友的威胁，怎么办

我在咨询的时候，时常会碰到遭遇“渣男”的当事人，安妮就是其中之一。

这个事例确实是极个别情况，但我还是想和各位读者分享，以提醒大家，时时刻刻别忘了要保护好自己。

安妮在两年前辞职，开了一家美甲店，后来因为经营不善导致小店倒闭，还欠下 30 万元的外债。这时，一个 35 岁的老乡帮了她一把，不但帮忙还清了债务，还对安妮无微不至地照顾。一个外地女孩一个人在大城市打拼，大多非常渴望能和一个暖心的男友谈一场甜甜的恋爱。于是，两个人的关系迅速升温，确定了情侣关系。

不过，事情并非像安妮想象的那么简单。

在和男朋友交往的一年中，对方一直称自己是单身，从未结过婚。当着安妮的面给父母打电话的时候，也会常常提起安妮，并且说自己非常在乎她。

两人大概交往了半年之后，安妮偶然看到男友的手机，发现男友同时和七八个在“夜店”工作的女孩眉来眼去。男友甚至在她回老家期间，接送这些女孩上下班，凌晨一两点才回家。因为这件事情，两个人大闹了一场，安妮提出分手，男友则用割腕威胁。

两个人冷战了一段时间，但是安妮确实很喜欢男友，也很依赖他，而且一想到他曾帮过自己很大的忙，安妮就心软了，暂时选择了和好。

没想到的是，在半个月之后，安妮发现男友结过婚，有个4岁的儿子，而且还在和其他女孩交往。这让安妮忍无可忍，向男友提出了分手。谁知，男友又以自杀相威胁，还扬言要把两个人的私密照公之于众，发给安妮的父母和弟弟。

老实本分的安妮一时没了主意，找我咨询，希望我能给她提供一些有效的建议。

及时止损，别被对方掣肘

听到安妮的遭遇之后，我告诉她一定要及时止损，把自己的损失降到最低。一个男人一旦有卑鄙下作、撒谎、要死要活的特征，女人一定要尽快远离这个人。何况，这个男人还和其他女人牵扯不清。如果你已经有了分手的念头，最好赶快付诸行动。

哪怕拼着亲密照片被公开（公开了又怎样呢，我们不用害怕这种下作的手段），也不能因此而受到对方的“精神绑架”——你表现得越在乎，对方越会利用这一点。

男友传播安妮的亲密照，确实会对她的生活造成影响。但是，过分在意这件事情，反而会让自己受到对方的威胁。当你觉得这件事情无所谓的时候，对方反而失去了着力点。所以我经常跟姐妹们说，皮囊而已，即便是照片公开了，又能怎样？该告就告。

何况，传播淫秽物品本身涉嫌违法犯罪，如果对方真的用这种下作手段，你可以直接报警处理。至于男朋友曾经送给安妮的30万元，要么通过转账方式退给对方，这样存留了还款的证据，要么让对方提起诉讼，通过法院的介入，一次性解决问题，免得以后对方再来扯皮。

这个案例给我们以下警示：哪怕在热恋阶段、情到浓处，哪怕你非常确认对方的人品足够过关，也不要任由对方拍摄私密照片。当然，我也想提醒各位男士保护好女性的身体隐私，不要拿爱情当作借口，劝女友拍私密照片。

人恐惧的正是恐惧本身，喜欢威胁别人的人，自己往往非常脆弱。只有当人真的不在乎对方威胁自己的理由，能够坦然面对突如其来的风险时，威胁反而对自己不起作用了。

该放弃百万年薪去谈恋爱吗

爱情和金钱哪个更重要？这真是个令人纠结的问题。我有位当事人小美，面对百万年薪和自己爱的人，陷入了深深的选择困难。

从古至今的难题：选择面包，还是选择爱情？

小美今年 29 岁，年收入过百万，事业顺风顺水。男友比她小 8 岁，长得英俊潇洒，还是个热爱搞音乐的小青年，没有固定的工作，几乎没有什么收入。

两个人非常相爱，已经到了如胶似漆的程度。小美很想和男友修成正果，毕竟自己快 30 岁了，需要一个稳定的家庭。但是，男友岁数太小，做事情很不成熟，经常做出一些极端的举动，这让小美特别没有安全感。

出于工作原因，男友决定跟随自己的乐队去另一个城市发展。小美舍不得自己的男友，担心失去了男友以后，遇不到对自己这么好的人了。

小美觉得自己是“吸金体质”，她曾经和朋友一起开连锁店，轻轻松松就可以年入300万元。所以，她对赚钱这件事一点都不担心。何况，她的家里有个弟弟，自己的大部分收入都会寄回家里供家人花销，这也让她觉得非常不公平。小美经常想，如果我不赚那么多钱，家里人不就不能再向我要钱了吗?

于是，小美动了个念头：放弃经营许久的事业，和男友去另一座城市谈恋爱。但是，她事业上的所有资源都在现在的这座城市，如果换个地方，她必须从头再来。可是从头再来，能不能达到年入300多万元的水平呢？她喃喃地说：“我考察过了，在新的地方，很难有机会了。风口已经过了！”

听到小美的想法之后，我问了她一个问题：“你觉得爱情的基础是什么？”

小美不假思索地答道：“爱情的基础当然是两个人的感情啊！”

我继续问小美：“你已经快30岁了，有没有考虑过结婚生子呢？”

小美回答：“我的男友很爱我，他肯定希望和我结婚，有自己的孩子和家庭。”

我接着问：“假设你们有了自己的孩子，小孩需要喝奶粉，需要接受好的教育。你作为一名家庭主妇没有什么收入，孩子的爸爸作为艺术家，也缺乏稳定的经济来源，这时你该怎么办呢？让丈夫给你弹一首钢琴曲，能解决孩子饿肚子的问题吗？”

小美沉默了一会儿，对我说：“龙飞律师，我再好好想想吧。”

其实，我并不主张用功利的眼光看待爱情，也不赞成在交往过程中不断地衡量利益与得失。但是，爱情和婚姻不同，后者一定要建立在适当的物质基础之上。小美和这位艺术家谈恋爱也许很浪漫，能得到甜美、浪漫的精神体验。可再梦幻的体验，总要面临梦醒的那一天，柴米油盐、鸡毛蒜皮才是婚姻的常态。小美已经快30岁了，对于女人而言，30岁是一道分水岭。在这个时间节点之前，我们可以任由自己去体验生活，不顾一切地体会爱情的梦幻和美好。但一旦过了这个重要的阶段，就必须把自己的财务问题放在首位了。

如果你有上千万的存款，已经过上了衣食无忧的生活，后半生不用干活也可以活得很惬意，那么你可以任由自己不管不顾地谈恋爱。但相反，假如你的财务水平没有达到这样的程度，我们就不得不先为自己的将来打算。

一个女性最有能量的“事业黄金期”，只有从 25 岁到 50 岁这短短的 20 多年。50 岁之后，除非知名的学者、科学家、医生、媒体人，拥有顶尖的专业技能，否则很可能逐渐被职场淘汰掉，这是全世界的规律。

你有没有想过，从 50 岁到 80 岁、90 岁甚至 100 岁的这几十年你靠什么活着？

你要知道，即使相爱的两个人，考虑问题的时候多少都会有一点利我的倾向。我之前有一位粉丝，她和她男友两人异地六年，两人曾经分手过，但过了一段时间，互相放不下对方，又复合了。男生想女生辞职过去，但女生是有教师编制的，女生的家人不同意。而女生却觉得自己恐怕再也遇不到比男朋友更好的人了。

我问：他好在哪里呢？

女生觉得男朋友每次都会嘘寒问暖，关心她吃得好不好、心情怎么样、上班累不累，每天情话不断，问候不停。

我问：“别说这些虚的，你就回答我，他为你们结婚这件事情做过什么努力？他有主动要求去见你父母吗，他有主动跟你提起过结了婚以后怎么安排吗？”女生沉默了。

女生太年轻，容易被爱情冲昏头脑，她不知放弃梦寐以求的编制工作，自己老了以后稳定的退休收入在哪里。不远万里奔赴爱情，去了陌生的城市，只能打工。

我们要知道，爱情这个东西，它是一个特别容易变的变量。现在的离婚率大家心里是清楚的，也就是说你这一场赌，有几乎一半的概率是输。另外一半没离婚的就一定过得很幸福吗？未必吧，其中还有一大部分是根本就离不起婚的，不是他们不想离婚，而是他们离了婚，经济分割了就供不起房贷，还不起车贷，养不了孩子，没办法，只能凑在一起才能维持现有的活法。

听完这些你还敢放弃工作奔赴爱情吗？爱是放弃自己稳定收入的理由吗？如果男生也同样爱你的话，他没有编制工作，为啥不来找你？他怎么舍得你做这样的牺牲？所以，说白了，即使把爱挂在嘴边，其实各自还是有自己的“小算盘”在心中的。不要在男人的语言里去寻找爱意，要在他们的行动里去求证。

我听过这么一个段子，不知真假，但也有参考价值。

曾经有一个相亲节目，女嘉宾在自我介绍环节中说，她对男生的要求是解决问题，而不是提出问题。

主持人问：这是什么意思啊？女嘉宾就说，我的工作是开酒吧，晚上八九点才开始上班，每天都要熬夜，甚至是熬通宵，有时候为了生计也难免会应酬一下，喝点酒。我前男友总是对我说，你要少喝点酒，少熬夜，这样对身体不好，你看你脸色越来越差了，黑眼圈都起来了，心疼死我了。

刚开始，我觉得他是真的关心我，时间久了，我才明白，这样的关心，对我有什么用呢？到最后一次我没忍住，冷冷看了他一眼，悻悻地问："心疼我呀，那你今晚能替我看一下店吗？或者我可以不开酒吧，你能出点钱让我干别的生意吗？再或者我把酒吧关了，你能养我一辈子吗？"

前男友就不说话啦，他根本没有能力解决问题，甚至都没想过解决问题，只会不断在我耳边提出这些没有用的问题。

听到这里你们有没有一种莫名的熟悉感，就比如你来"大姨妈"时疼得额头冒冷汗，半夜辗转反侧无法入眠，只能在床上打滚，这个时候，你男朋友做过什么？很多男生是不是只会说一句"宝贝，你怎么了？怎么这么不会照顾自己啊，心疼死我了"，但他就是不付出任何行动，不知道查一下痛经怎么办；痛经是怎么引起的；痛经如何改善；不知道给你预约妇科医生；不知道给你买药；哪怕是帮你倒杯热水，给你买个"暖肚宝"。这些行为哪个不比一句轻飘飘的"心疼死我了"强？

回到咱们这个案例，这个男朋友是不是也一直在嘴上说"爱你"，落到行动上是个零。

如果一位女性选择在能赚钱的黄金年龄抛弃自己的事业，和一个没有收入、没有规划的人谈恋爱，会将自己的后半生置于巨大的风险中；很可能落得人财两空、孤独终老的凄惨下场。

这并不是危言耸听，而是每天都发生在我们身边的真实事件。这个世界上最难赚的是养老钱，是风烛残年时的活命钱。在这个社会中，有些六七十岁的叔叔阿姨还在捡纸箱子，在路边摆摊卖菜，跑到地里挖野菜，在果树上打果子卖钱。他们在年轻的时候没有存够自己的养老钱，只能在年老时挣扎求生。很多农村的老年人不会用微信、网络，摘了果子只能烂在地里了，没有办法把它们变成钱。

也许你会觉得，我是都市白领女性又不是农民，怎么可能那么惨？

你可以想象一下，自己在50多岁的时候，为了保住自己的饭碗，要和二三十岁的年轻人竞争。每次公司裁员，你可能都会首当其冲。自己的精力和体力已经明显不如从前，还要承受高强度的工作，拿着一份微薄的工资。即使遭遇了职场PUA，也要忍气吞声不敢辞职。当你没有在年轻时处理好自己的财务问题，一旦上了年纪很可能面临这些棘手状况，那时的你一定悔之晚矣。当你在放弃工作和追求爱情两件事情中难以抉择时，请想象一下你50岁到100岁这个阶段想要过什么样的日子。

我经常会想，当我老了能不能不想干什么就不干？不想见谁就不见？不想跟谁吃饭就不跟谁吃饭？不想回复某个人的短信就不回？老了之后我就要过这样的生活，但什么东西才能够支撑我过这样的生活呢？

一个人 99% 的烦恼都来自人际关系，处理这些人际关系会不断消耗你的能量。只有存了足够的钱，才可以做到拒绝自己不喜欢的工作邀请，拒绝那些没有营养的无效社交。有一天，当你有足够的财富时，才会有足够多的底气拒绝他人对你不正当的索取，才可避免所有你不喜欢的人际关系，解决掉 99% 的烦恼。

“面包”是你人生的底气

我联想到我特别喜欢的一部小说，福楼拜的《包法利夫人》。

福楼拜曾经为小说女主人公包法利夫人的死而痛哭流涕，有朋友建议他：“你作为作者，不把她写死不就行了？”但福楼拜说：“她必须死，这才符合生活的逻辑。”

包法利夫人聪慧美丽，家庭条件也不错，从小接受良好的教育。她被小说中那些轰轰烈烈的爱情所感染，一心想拥有浪漫的爱情。然而，丈夫夏尔在她看来简直太平庸了，只会工作，不识情趣，不懂浪漫，与风花雪月绝缘。

终于，她背叛了丈夫，陆续和其他的男人在一起，后来一步步陷入了借贷的困境。到头来，那些所谓爱她的男人没有任何一个向她伸出援手。她那“浪漫的爱情”仿佛还在昨天，但一切都消散了，痛苦和屈辱，让她吞下了砒霜，决绝地死了。

她把幸福寄托在了爱情上，深陷于恐惧和茫然之中，但依附于他人的爱情，终究只是浮萍。

幸运的是，我们这个时代的女性已经完全不一样了，我们可以养活自己，可以不再依附于任何人——丈夫、父母、公婆、儿女等。做一个能够站立起来的女性，有挣钱养活自己的能力，说话才硬气。不幸的是，仍然有很多女性，没了爱情不能活，宁愿牺牲事业、牺牲打拼的机会，去守着一份爱情。

与此同时，我们要学会冷静客观地分析问题，“面包”不是唯一要考虑的维度。之前有位女咨询者，她是丧偶的，后来认识了一位亿万身家的男人，这个男人有几家公司，还有工厂，但他有严重的躁郁症，性格也很偏激，他的原生家庭也不好，父母在他小时候就离婚了。男方明确表示，如果结婚，要做财产公证，婚前所有财产都归他的两个女儿。这位女主人公，她本身的经济条件也不错，有五套房子，一年收入五六十万元。

如果是其他的普通女性，我或许会建议她可以领个结婚证，但对于这位女咨询者而言，她自己已经基本实现了财务自由，这个亿万富豪也不过锦上添花而已，他的心理状态才是女咨询者最应该考虑的问题。

我知道女性都有母性光辉，这是一个女人的本能。你一旦看到一个男人很痛苦，一旦看到他很落寞，便会激发出天然的母性的保护欲，你想去拯救他，保护他，温暖他。但你有没有想过，也许你不是真的想要与对方结合，而是在潜意识里将自己变成了“拯救者”。如果在情感上抱着这种心态，想要用你的情感，让一个人变得更健康、开朗、阳光，这是一个非常危险的信号，而且多少有些不切实际。你不是心理咨询师，你不能吹着爱情的号角去拯救一个人的心理。具备这种能力的女人太少了，大部分女人都是普通人，自己心里面这碗稀饭都没吹冷，甚至也许自己内心都还不一定是一个特别健康的人，你哪里来的自信可以温暖另外一个残破的灵魂呢？记住，你没有这个能力去拯救谁。

当你有这个想法，又没有这个能力去拯救一个残破的灵魂的时候，就像一个自己都不怎么会游泳的人，想去河里救人，那就等于送死。河中人正在溺水，你自己本身游泳技术也不是很好，你跳下水去救他，最后只有一个结局，他会本能地死死地拽住你，你俩一起沉入水底。

我们不管是做人做事，还是恋爱结婚，既要现实地考虑到经济因素，也要有长远的目光。虽然，我一直说，“搞钱”是很重要的，但这份重要所代表的，并不是钱本身，而是我们有自己的底气，有选择权，可以过上自己想要的生活。

爱情和面包同时拥有，自然更好。但是，当你面临爱情和赚钱的选择，当二者无法两全其美时，我建议所有的姐妹们一定别轻易放弃事业，就像案例中的姑娘小美，哪怕选择异地恋，也别轻易地放弃自己赚钱的机会。

进行综合判断，选择更合适的交往对象

都说结婚是女人的第二次“投胎”，因为在当下的社会生活模式中，女方是那个需要融入对方家庭的人。选择怎样的交往对象，是一道对任何女生而言都非常重要的选择题。今天我结合这些年来的案例和经验，跟大家分享一下选择交往对象的四个建议：

第一，爱情和婚姻是两回事。

如果你的面前有这样两个男人，你会选择和哪个交往？

第一个男人，20多岁的年龄，人长得很帅，个子很高，但没什么上进心。你对他的印象很好，是你喜欢的类型。但是，这个小伙子刚刚参加工作两年，没什么积蓄，家境也很普通。

第二个男人，30多岁，个子只有一米六五，家庭条件非常好，在深圳有十几套商品房，每个月收租金20多万元。但是，这个人是个直男，只会给你送礼物，你和他沟通起来有些困难。

这两个人都对你非常好，你应该选择哪个做你的男朋友呢？

我的一个当事人路路，最近就面临着这样的选择困境。路路今年23岁，家里一直在催婚。她通过相亲认识了这两种类型男孩，但面对这样两个男孩，她一时不知道该选哪个好，希望我能给她提一点建议。

路路倾向于选择第一个，因为两个人沟通没有困难，相处的时候也比较有默契，但她还是左摇右摆。

我当然也尊重她的选择，但我必须全方位给她补充一些思路，她琢磨清楚之后，也许能够做出更坚定、更冷静的选择。

我认为，恋爱和婚姻是两回事。

她对第二个男生并非没有好感，因为对方“不够浪漫”，令她很困惑。但在我看来，如果想选择一个适合结婚的对象，第二个小伙子也并不逊色。谈恋爱的时候，需要的是风花雪月，是甜甜蜜蜜，女生要看自己对男友有没有心动的感觉。但是，婚姻生活需要的是脚踏实地，我们不能抛开物质。你想睡一张更舒适的床需要钱，想住有两个卫生间的房子也需要钱；如果你还想要家里有健身房、私人电影院，都需要钱。

这些具体的需求，会消磨少女时代那种对感情的幻想，这些道理不要等到40多岁才明白。

至于路路提到的沟通问题，也可以想办法解决。既然对方不擅长沟通，你选择适应他的沟通模式。你可以把自己当成对方的贴心人，用对方喜欢的方式交流，可以通过后天弥补，但是经济基础没法在短期内快速补齐。如果打算和一个一年仅靠收租金就能收到200多万元的男生交往，至少不会受到经济问题的困扰。

可能有人会问，男女之间的感情真的能培养吗？凡是结过婚的女性，都能理解日久生情的含义。很多爱情并非始于一见钟情，而是在漫长的磨合中渐渐产生情愫。这种感情往往比瞬间的激情更持久。

那么，有没有不需要考虑经济基础，只看两个人有没有爱情的女人呢？肯定有这样的女人，比如一些在婚姻中非常洒脱的女明星，如果你有相似的经济基础和赚钱能力，你也可以跟她们一样潇洒。但如果你没有这样的实力，就不要被女明星的婚恋观洗脑。因为她们不缺钱，更不缺名和利，所以她们有自由选择的资本，她们可以追求纯而又纯的感受。可咱们都只是普通人，一个月只能赚几千元，这种表面上的感受是排在后面的，生存永远是排在第一位的，千万不要被一些名人看似正确的选择带跑偏了。

第二，“下嫁”一定要三思，谨慎选择与自己成长环境相差太远的对象。

“凤凰男”是一个网络热词，一般是指出身贫寒，但通过努力拼搏而取得成就，在城市扎根的男性。我不是对农村的孩子有偏见，因为我本身就是农村人，现在很多来自农村的男孩，在城市打拼出一番自己的天地，甚至比很多城市孩子都要过得“风生水起”。

我很佩服这些自强不息的男生。此处，我仅针对婚恋选择来进行阐述：对于同样来自农村的女生来说，我觉得这样的男生不失为一个好选择。

但是，对从小生活在城市的女生来讲，跟这样的男生恋爱结婚会困难重重——我并不是反对你嫁给这样的男生，但你最好不要把事情想得过于浪漫和美好，你不能盲目地选择。在决策之前，你必须进行综合性判断。你会发现，生活给自己打下的烙印，是一辈子都抹不掉的，从小形成的价值观、生活习惯已经融入了一个人的亿万个细胞中。

很多时候，打败一段感情、摧毁一段婚姻的，并不一定是惊天动地的大事，而是那些生活里的小事。我也是在农村和城市的生活冲突中成长起来的，你现在再让我回到农村老家去住室内没有厕所的房子，上农村的土坑厕所（也叫旱厕，夏天能看见蛆虫蠕动和苍蝇乱飞的那种），用木脚盆洗澡，我也已经回不去了。

有个姑娘，她从小在北京长大，北京户口，是硕士研究生，而且是英国海归留学生，现在在央企工作，年薪税后30多万元，加上股票投资，每年能有五六十万元的收入。

她的男朋友是农村的，凭着自己的实力考到北京，现在在做房产中介，每年80多万元的收入，确实也很优秀——能做到年入80多万元，在房产中介里也是凤毛麟角了。

他们的矛盾点在于，男朋友的收入比姑娘高，但他的金钱概念与姑娘不一样。姑娘周末请小时工，平时点个外卖，或者出去吃一顿几百块的饭，他都觉得姑娘很败家，姑娘自然很委屈，因为她一直都是这样生活的。

她问我能不能跟这个男孩子结婚。

我的建议是，让她去看看几部经典的电视剧《新结婚时代》《婆婆来了》，就会发现城里姑娘与“凤凰男”结婚将会面临的考验。

你不是只跟一个人结婚，你以后还要跟他的父母、他的兄弟姐妹、他的亲戚打交道，时间长了，一个个细小的观念和习惯差距，会让你非常难受，比如老家有人来北京看病，只要沾亲带故，就得带到家里来认门、吃饭，甚至会在家里打地铺，城里的姑娘基本上都无法理解，为什么不去住宾馆呢？可是在他的眼里就会觉得：如果让亲戚住宾馆，老家人会戳我脊梁骨，骂我忘本的。你怎么就不能理解一下我呢？

再举一个特别简单的例子，你平时洗碗的时候，是不是开着水洗？但是如果在农村，别人看到肯定要指责你浪费水，那就是在浪费钱。像我们女生平时去外面洗头的话，是不是最少得花 30 块钱？你要是敢跟你在农村住惯了的婆婆说你洗个头花了 30 块，你婆婆肯定会说“我给你洗，我只要 15”。

以后生了小孩，你想给小孩报个钢琴班，5000 元也好，8000 元也好，你觉得很正常。但他可能就觉得，给小孩报个钢琴班要花这么多钱吗？这 8000 元给我的话，我可以干好多事。

这些矛盾，两个人谈恋爱时可能还感觉不明显，一旦结婚了，就变得很明显。你会发现两个人成长的烙印，双方身上形成的消费习惯、生活习惯是没有办法改变的，如果强行改变一方的习惯，那个人会觉得很难受，否则，要么隐忍着过一生，要么矛盾爆发离婚。所以选择一个跟你有着相同生活习惯、价值观匹配的对象，会让你的生活从容、自在很多。

如果看到这里，你依然选择嫁给从小生活环境与你相差甚远的男人，我建议你全方位地做好各方面的准备。你不妨去男朋友的老家看看，亲眼看一看他生活的环境，真正地体验一下他的生活习惯。因为以后逢年过节，或者有了孩子，需要婆婆帮忙照顾的时候，他的家人和家人的价值观、卫生习惯，就会不可避免地成为你生活中的一部分。

如果你觉得你完全能接受，你做好了一切准备，那再考虑是否结婚。

第三，若是“高攀”，务必要有自知之明。

相对于“下嫁”，更多的女生可能会选择“高攀”。年轻姑娘，模样好，性格好，遇到一个条件不错的男生，通过婚姻脱离原生家庭，实现财务自由，这样的案例俯拾即是。

问题在于，这种好日子长了之后，有些女孩就容易忘记自己来时的路，失去对自我价值的正确判断，将丈夫的能力与自己绑定，觉得“他现在之所以生意做那么好，也离不开我吧，也许是因为我旺夫呢”。如果你这么想，就是没有自知之明。

在经济条件上高攀的女孩，抱着一颗感恩的心，抱着一颗觉得自己很有运气的心去过日子，才能把日子过好。千万不能认为，因为你跟他结了婚，因为有了一张结婚证，所以他现在的一切都理所当然地属于你，所以他现在赚的所有钱都是你的。

你要知道，所有的关系都是通过各取所需来维系的，从前你的年轻貌美、温婉体贴也许是你的价值体现，但随着时间长了，这些“红利”会慢慢消失，如果你还觉得一切理所当然，没有趁早在舒适区里进行自我增值、自我提升，那你如何长久地维系婚姻呢？

我们需要积累其他的不被时间剥夺的优势和实力，比如你是否持家有道？你是否擅长打点酒席宴会，你是否与你丈夫的生意伙伴的家眷能维系好关系，为自己的丈夫助力一把？或者你学习了不少家庭教育理论和方法，能够把孩子照顾得特别好？还是你的理财能力很强，可以管理好自家的产业？

想把日子过好，首先要有自知之明，知道自己身上有什么价值，对家庭能有什么样的贡献，对与你共同生活的这个男人有什么样的支撑和助力。

如果你想不明白其中的道理，就去看看武则天和她的姐姐韩国夫人，以及姐姐的女儿贺兰氏。这两个女人死得一点都不冤，她们都以为自己被皇帝宠幸了，就能得到像武则天一样的待遇。殊不知，武则天之所以能成为代理朝政的皇后，不仅仅是因为她是李治的妻子，更重要的是李治认可她的管理才能、驭人之术、雷霆手段。

当女生有了这样的自知之明，提前为自己储备更多的硬实力，之后你的日子才容易过得好，才能与丈夫旗鼓相当。这种能力并不局限于能够赚到多少钱，但一定是对这个家有着不可替代的贡献。长久地更新自己的认知，孜孜不倦地努力进行自我提升，你才会是那个不可或缺的女主人。

第四，除了穷，没有其他缺点，能嫁吗？

这是我遇到的一个真实的案例。女生比男生各方面都优秀，她是研究生，而男生是大专毕业，女生收入是男生收入的两倍。

男生出生于一个乡村，从小家里比较穷，但男生承诺婚后收入都上交，还可签婚前协议，保证女生婚前财产归其所有。

女生说，男生对自己特别好，每天早上送早餐，其他时候也会照顾她的生活，还给她做饭。从日常表现来看，男生待人接物也特别有礼貌，对女生也很尊重，甚至在交往期间，为了送女生贵重的护肤品，还向父母朋友借钱。

在我看来，如果一个男生在恋爱中表现得无微不至，没有任何缺点和破绽，反而是值得警惕的一件事，因为他很可能只是为了追求到你，隐藏了自己真实的一面。我们不妨仔细分析一下，一个靠借钱给女朋友送贵重礼物，不考虑自己经济现实的男人，多少有点缺乏理智和规划。也许，这样的男人并不适合作为一起战斗、经历风雨的伴侣。

当然，我不是让所有女生都只看条件选对象。毕竟“莫欺少年穷”，也有不少女生遇到了人品和实力都不错的“潜力股”，两个人一起奋斗，日子过得和和顺顺。而且，有很多女生就是想做一个“养成系”的女友，跟男生一起奋斗，一起白手起家。或者有些女生本来收入很好，只需要一个真心对自己好的，不在意对方收入。

这些也都是各自的选择，没有对错，没有优劣。

但如果你遇到了一个除了对你好，经济条件上却远不如你，而且能力也并不强的对象，我有几个建议给大家：一、不要着急领结婚证。二、千万不要未婚先孕。三、你再测试一段时间，一定要同居在一起生活，看看彼此是否能融洽地相处，价值观是否存在鸿沟。四、在合理的范围内，花一点他的钱，看他会不会介怀。五、他要求跟你发生亲密关系时，如果你刚好心情不好拒绝了他，看他会有什么反应。六、你观察一下他发脾气的时候是什么样子。七、你观察一下他喝醉后会有什么表现。八、如果全家人过年打麻将进行娱乐，你观察一下他输了是什么表现。

当然，必须强调的是，结婚并不能“唯物质论”，不是说经济条件差的男人就一定心理自卑，也不是说与家庭条件不好的男人在一起，日子就一定过不好。这些其实都不是最关键的，关键还是得看男人，他的心性、他的上进心、他的心理健康水平、他的人品、他的能力，还有他与你交往的出发点。所以，我给女生们一个建议：尝试着跟自己的男友共同生活 3 个月到 5 个月，好好去考察一下他真正的为人。

拥有独立的生存能力，不要被家庭绑架

在做律师的这些年，我遇到过各种婚姻类案件，很多让人感觉惋惜，有少数让人感觉触目惊心，而林林的遭遇却是最让我感到心疼的。

林林出生在农村的一户普通家庭，父母在她很小的时候离异，她一直跟着父亲生活。后来，林林的父亲在一次车祸中不幸丧生，亲生母亲又组建了新的家庭，不想接纳林林。她只好被过继给了一位没什么血缘关系的远房亲戚，成为这对夫妇的养女。

林林是个很懂事的孩子，从小就分担了家里的大部分家务，从来不会和自己的养父母顶嘴。参加工作之后，也会把大部分收入寄回家里，只给自己留一点生活费。

但是，养父母和哥哥并没有把林林当成自家孩子，而是当作予取予求的“小保姆”。五年前养母生病了，她看林林和哥哥没有血缘关系，竟然提出了一个无比荒诞的要求——让他们去领证结婚，这样就可以永远把林林和自己的家族绑定。

为了报答养父母的养育之恩，林林只能和哥哥领了结婚证。领证之后，她和哥哥并没有婚姻之实。

哥哥离过两次婚，还有一个两岁的孩子。两个人领证之后，林林帮哥哥带孩子，还要照顾养母。后来，因为给养母做手术，所以借了不少钱，林林为了还债只能外出打工。

在外地打工时，她遇到了一位非常喜欢的男孩，两个人谈起了恋爱。交往一年之后，男友向林林求婚，希望她能嫁给自己。可是林林已经和哥哥结过一次婚，再和男友结婚会构成重婚。苦恼的林林找到我，问我有没有什么好办法。

听完林林的遭遇之后，我为她的不幸感到悲伤，也为她的过度牺牲感到悲哀。

子女必须履行自己的赡养义务天经地义，但这并非要建立在牺牲终身幸福的基础之上。林林的家人为了满足私心，完全不顾养女的幸福，这种做法让我感到很愤怒，很不齿。

我给林林提出了三个建议：

第一，起诉离婚，一定要马上结束这段荒唐的婚姻关系。

第二，把自己遇到的问题坦诚地告诉现在的对象，如果对方不能理解则分手。

第三，远离这个家庭，你没有义务替哥哥养小孩，更不能成为这家人的免费保姆，而是要有自己的人生，要能够掌握自己生活的选择权。

如果养父母生活困难，可以给他们生活费，而且生活费要和哥哥共同承担。比如，养父母一个月的生活费是1200元，你给600元就可以了。因为两个孩子都有赡养老人的义务，不能把所有的赡养费都扛到你一个人的肩头。

至于“处对象”的问题，一定要拿到离婚证之后才能进行。

男友逃避结婚，还应该继续下去吗

你有没有遇到过这样的男人？他和你谈了很长时间恋爱，对你也没有什么不满意的地方。但是，每次你提出想和他结婚，对方总是顾左右而言他。不是说对你还不够了解，就是告诉你最近工作太忙，完全没有考虑结婚的时间和心情，又或者说等以后事业有起色了、条件好了再结婚。男人对于婚姻的表态，让你感到非常纠结。在夜深人静的时候，你是否常常问自己要不要和这个人继续下去？

小路最近一直被这个问题困扰着，她希望我给她提供一些有价值的建议。小路和她的男朋友是网恋认识的，聊了几个月之后双方都有好感，在线下见面确定了男女朋友关系，在一起已经将近两年了。小路的男友 28 岁，小路 24 岁，而且小路是他的初恋（男生 28 岁才谈第一次恋爱已经很少见了）。男朋友在一家互联网公司工作，税后月薪 16000 元。两个人一直共同存钱，小路每个月至少存 4000 元，男友存 8000 多元。两年之内，两个人总共存了 30 多万元，这笔钱必须两个人都同意才能花得出去。

半年前，小路向她的男友提出结婚，他当即拒绝了。又过了半年，小路再次提出想和男友结婚，他虽然同意了，但是态度非常敷衍，而且对今后的生活没有任何规划。小路主动和男友说希望两个人在下半年结婚，自己家里可以不要彩礼，父母还会给两个人 10 万元的资助，加上自己 10 万元的存款，虽然两个人没法在一线城市买房，但是可以在老家置办一套婚房。结果男友说想等几年再考虑买房的问题。

听了小路的经历之后，我对她说："凭着我的良心和这么多年的经验，我必须告诉你真相：一个男人在你已经问他什么时候结婚之后，还在犹犹豫豫不能明确答复你。我只能得出一个答案，你并不是他特别想结婚的那个对象。"

在婚姻和恋爱中，女人往往处于当局者迷的状态。

当对方并不是很想娶你，你非要对方给你一个理由，能说出口的，都是冠冕堂皇的借口。而未说出口的，才是不想娶你的原因。

其实，男生的喜欢分为很多种，有一种喜欢是喜欢你的身体。想要得到你的时候，他会不顾一切跋涉千里来找你。另一种喜欢，则是想要照顾你一辈子。希望把自己挣的钱和你分享，事业做出成绩的时候和你一起分享自己的荣耀。问题在于你想要的是哪一种喜欢，他能否让你觉得有安全感，你能否可以和这个人共度余生。有时候男生自己也搞不清楚喜欢的女生是哪一类，只有等到失去了之后，才意识到谁是最想共度余生的那个人。

具体到这个案例，小路作为男友的初恋，肯定是男友喜欢的人。但是他对小路的这种喜欢，是不是想要娶她进门，一辈子相濡以沫的那种喜欢呢？不一定。

当你多次暗示对方结婚，对方却完全不理睬，你们还应该继续下去吗？这要看你自己想要的婚姻是什么样子的。如果这个男生和你结婚了，在以后的婚姻生活里，他很可能会有精神或肉体上的出轨。你能不能接受这样的现象，如果你觉得这也没什么，很正常，只要他能回家就好，那你完全可以选择跟他结婚。若你只想享受这样的过程，就是想与对方结婚，那你完全可以不计后果地和他在一起。

相反，如果你是一个有感情洁癖的人，完全不能接受自己的丈夫有这样的行为，那就不要明知山有虎，偏向虎山行。想要一段能够持续稳定的婚姻关系，最好三思而行。我为什么如此笃定这样的男生婚后更容易出轨呢？对于涉世未深的男生，情感经验不丰富意味着他还没有经历过花花世界，还没有尝试什么样的生活方式才是他真正想要的。尤其他面对结婚这件事情犹犹豫豫，你再积极，他也敷衍和退缩，这样的男生被你绑上了结婚这驾马车，大概率是无法开到底的。

如果不得不分开，请以更加和平的方式分开

爱情总是说不清道不明的，喜欢的时候，可以天雷勾动地火，互相奔赴。我们见过很多恋爱专家传授恋爱的技巧，但少有人教我们该如何分手。跟大家分享几个案例，聊一聊和平分手的方式。

我之前有一位咨询者，33 岁，跟男友在一起七年。三年前，她男友患了结肠癌，这三年里他们还在一起，互相支持，互相鼓励。本来一起存的钱打算买房子，也没有买，用来给男友治疗了。

去年，男友手术后，癌细胞转移到肝了，做了很多化疗，还做了大手术，两个月后还要去复查，女生很害怕又会

有坏消息。

女生很纠结，因为她父亲早逝，一个人在北京，她的母亲不知道现状，一直问她什么时候结婚，她没有告诉母亲男友的情况。

女生目前跟男友同居在一起，也陪伴患有绝症的男友三年了，这个过程中花光了两个人所有的存款，她也算仁至义尽。那种一辈子不离不弃的爱情肯定是有的，但女生本身也因为男友的病情承受了很大的压力。女生年纪也不小了，如果考虑到未来组织家庭和生儿育女的问题，每一个都是障碍重重（化疗期间是不能要孩子的，好转之后又存在复发的风险），而且还要考虑到孩子未来的患病概率问题。

没错，生活就是这么现实。不管男友检查结果如何，她最理智的选择，应该是离开（我的工作天职就是保护己方当事人的合法利益，我的职业道德就是从当事人角度出发，最大限度护其周全，所以从咨询者角度来权衡利弊，我只能建议她离开）。但为了将对方的伤害降到最小，分手这件事可以让女孩的妈妈来推动，比如这两个月把妈妈接过来，最后以妈妈的名义把女生带走，就说母亲不支持这段关系继续发展，必须把女儿带走，这样的安排，不管对女生，还是对男生都会好受一点。

另外一个案例，是年龄相当的小情侣，女生 20 岁，男生 22 岁，都是大学在校生。女生条件挺好。男生有想法，执行力很强，自己做自媒体，一年半的时间有了 300 万的粉丝。他们因为成长的步调不一致而分开。提出分手的是男生，他的处理方法还是可以供我们学习的。

男生跟女生建议说，不希望看见女生现在这样子，天天围着他转，好像感觉全世界就只有他。他希望女生可以让自己变得更优秀一点，先分手半年，如果半年以后还互相喜欢，就继续在一起。分手之后，两个人还是一起吃饭，牵手，像没有分手一样，不过男生陪她去另外租了一套房子，男生对女生说，以后还能每周见面，一起遛狗什么的。这个女生问我，是不是两个人没有可能了呢?

我觉得这个男生就是选择了一种伤害性比较小的方式跟女生分手（当然也有可能是把女孩当作“备胎”）。男生从寂寂无名到 300 万粉丝，女生一直在身边，但她没有寻思自己也去做点什么事情，而是一直原地踏步，男生却拥有了更大的世界，分手也是自然而然的事情。

我还遇到过一位女咨询者，双方并不是因为感情问题或经济纠纷而分开，而是一些更为客观的因素。女生的父母都不在了，在她 20 岁时，她收到了 400 万元的彩礼，果断嫁给了一个大自己十来岁的男人。结婚之后，两个人没有着急要孩子，因为这个女孩还有一个大学梦没有完成。丈夫也理解她，并且支持她完成学业。女孩在接下来的六年时间里面，读了大学本科、研究生，而男人在这段时间里，攒下了上亿的家产。像这样的一段人生，可能是很多人羡慕的“人生赢家”。

按照我们的想象，这姑娘研究生毕业之后，会踏踏实实地生一两个孩子，一辈子就能够衣食无忧，锦衣玉食地过下去。但让人意外的是，女方提出了离婚。

她问我，如果上法院起诉，自己能不能要求分走一半的家产。

我告诉她，按照法律的规定，虽然你一直在读书，没有挣钱，所有的钱都是你老公一个人打拼的，但是只要有结婚证，是合法的夫妻，他赚的钱你也可以要求分一半，她听到这里略显欣慰。

但是，我出于职业的敏感，问对方：“能否告诉我为什么要离婚？是丈夫对你不好吗？还是他在外面有人了？还是他做了什么伤害你的事情？”

她说都没有，就是不喜欢了。

听到这句话，直播间几千个观众炸锅了，都在骂女事主忘恩负义，身在福中不知福，好好的日子不知道好好过。

其实我听到这儿的时候，也真是想劝劝她。

我说：“姑娘，你一个没有工作经验的毕业生，就算是研究生，现在工作也不好找。你要是想找一个一个月挣5000元的工作，一年到头你不吃不喝就攒个五六万元，你能够攒到多少钱呢？你可能一辈子都攒不到你现在的家产。但是，现在你已经拥有了丰厚的财产，为什么那么轻易就要离婚呢？你要知道，得挤多少趟公交，倒多少趟地铁，赶多少个早班晚班，应酬多少个客户，被领导骂多少回，被同事挤对多少回，你才能挣够这一年五六万元？而且，听你的描述，你丈夫对你也不错，无论从道义上，还是经济上，我都不觉得你现在离婚是上策。当然，你可以选择听从你的内心，我只是把我作为局外人的看法告诉你。”

其实，我的潜台词也是告诉她，她的行为有点“作”。

但是她依然坚持：“钱我可以不要，我也可以净身出户，就是不想跟他过了。”

一瞬间，我觉得这姑娘肯定在外面有人了。我非常直白地问她：“你现在能不能坦诚地告诉我，有人追你，还是你已经另有新欢？这人是不是条件比你老公更好？”她否认了。

那她为什么觉得自己跟老公过不下去了呢？

我想，这个姑娘该不会有所隐瞒吧，她肯定是在骗我吧？是不是已经背叛了丈夫，却不敢承认呢？因为在我见到的诸多案例中，像她这样无缘无故说不喜欢了，提离婚的，真的很少见。

我忽然想到了另一个可能性，姑娘是否存在性取向偏差，于是，我说："那既然这样，我也就不劝你了。因为喜欢这个东西，恐怕你自己也控制不了的。所以，你和先生提离婚，也不存在过河拆桥的说法，反而是及时止损。但是，我想提醒你，像你先生这样的男人，他既然有能力一年赚千万，一定非常聪明，并且有强大的社会关系。你一定要柔和地解决这个问题，坦诚地和他沟通，争取他的理解。你不要用逼迫的方式，不要和他闹僵了，到最后闹成仇人。虽然你不喜欢他，但他以前对你确实有过帮助。他曾经在你没有父母可以依靠的时候，愿意给你400万元彩礼娶你进门，愿意供你无忧无虑地在大学里面、在研究生阶段过得那么体面，从某种程度上来说，这个男人也是你的恩人。"

接着，我又叮嘱她："别想着离婚要分人家一半的家产，那都是他挣得的，你不要这么贪心。好好地跟他分居，冷静一段时间，让他接受这个现实和平分手。"

毕竟虽然说从法律上，作为合法的妻子可以要求分一半家产，但全天下的男人都接受不了“妻子喜欢的是同性”这样的结果。人一旦无法接受某件事情，就会心生怨恨，有了怨恨就无法理智，不理智的情况下就会出现不可控的结果。无论如何，和平地解决，比态度强硬、鱼死网破要好得多！

关于分手，我个人认为，不管两个人是因为什么而分开，一定要尽量用最和平的方式。一来，曾经相遇相知，算是一种福报，该感恩，一段感情总会给予人一些成长，即使是以合作的方式，对方也确实陪你走了一段，有过快乐，也有过幸福的时光。二来，千万不要去试探人性，有些人“恋爱脑”，一旦分手了，就因爱成恨，之前也有很多新闻是前男友极端报复女友的，总之最后两败俱伤，谁也没有落得好处。

02

做个清醒的女性：彩礼和嫁妆的那些事儿

恋爱期间收到的礼物需要退还吗

谈恋爱分手的时候，收到的礼物到底该不该退？这是很多恋爱中的男女都会遇到的问题。谈恋爱的时候你侬我侬，彼此送礼物表达情意，从来没有想过有一天要分手。但是，分手的时候才发现，当初送出去的礼物太贵重了，于是开始盘算："我能不能把花掉的钱都要回来？"

我遇到过一个极端案例，男生从谈恋爱开始的第一天，就把给女朋友买了什么东西、吃饭花了多少钱都记录得一清二楚，甚至包括早餐、外卖都按照日期、金额记得非常清楚，而且专门做了 Excel 表格。在分手的时候，他把 Excel 表格的打印件甩到女朋友面前，大方地来一句："早餐和外卖的钱你给我一半就行，毕竟我也吃了的，我不想占你便宜。”他的女朋友惊呆了，从来没有想过电视剧才会出现的剧情，居然在生活中真的存在。

谈恋爱遇到这种人，他送的礼物你需要退还吗？我的观点是，如果遇到特别较真的人，一定不要留丝毫的瓜葛，他的东西全部都要退还。但是，从法律角度来看，恋爱期间收到的礼物要不要退，需要从以下三个维度来看：

第一，送礼物的目的是什么？

第二，送的是什么礼物？这个礼物能不能被看成彩礼？

第三，送的礼物价值、金额大小。

恋人分手的直接意思，是不想和对方结婚。这种情况下只有一种礼物法律要求退还，那就是彩礼。彩礼是以结婚为目的，送给对方的礼物。比如，有些农村地区结婚，男方必须得给女方送金耳环、金戒指、金项链，这在法律上一般会被认定为以结婚为目的赠予的礼物。只要你不想跟人家结婚了，这“三金”就得退给人家。

如果是其他礼物，比如一支口红、一件衣服或者一个包包，很难被认定为彩礼。这类礼物该不该退还呢？

这要考虑以下几个因素：

第一，价值大小。如果男朋友买了一个20万元的包，那么你很可能要退还礼物。

第二，要看礼物的价值，和送礼人的收入水平的对比结果。如果对方是身家过亿的老板，给你买了几万元的包，则有可能不被认定成彩礼，分手也就不需要退还，在是否认定为彩礼这件事情上，法官的自由裁量权非常大。

第三，按照当地的风俗习惯，收到的礼物如果会被认定为彩礼，你最终没跟人家结婚，则彩礼必须退还。

凡是没有法律明确规定的，决定权都在法官手里。法律规定双方没有结婚，收到的彩礼要退还。但是，法律没有明确规定什么东西是彩礼，这就需要法官结合案件的具体事实、彩礼的金额大小、男方的收入状况、婚礼的筹备情况，以及当地的经济水平和风俗习惯等做出综合判断。

彩礼在什么情况下应该退还

如果已经认定男方送的礼物是彩礼，什么情况下需要返还彩礼呢？

《民法典 · 婚姻家庭编》的司法解释列举了三种情况：

第一种情况，没有办结婚证的；

第二种情况，办了结婚证但没有共同生活的（说白了就是没有夫妻之实，徒有夫妻之名）；

第三种情况，婚前给付导致给付人生活困难的。

第一种和第二种很好理解，第三种生活困难具体是什么意思呢？在司法实践中，真正能够用到这个法条的案例比较少见。生活困难指的是，男方送了彩礼之后，靠自己的收入没有办法维持当地最基本的生活水平，最后女方还是要离婚，这种情况必须退还彩礼。

还有一种特殊情形，虽然两个人没有领结婚证，但是女方在男方家已经生活了一段时间，甚至有了共同的孩子，女方要不要退还彩礼呢？

如果按照法律规定的字面含义理解，没有办结婚证应该要退还彩礼。不过在现实生活中，法官也会考量：虽然两个人没有领结婚证，但实际上已经在一起生活并且有了孩子，结婚的目的已经达成了一部分。另外，彩礼甚至可能在两个人的生活和养育子女的过程中，被花掉了一部分。所以，在司法实践中，法官对这类事情的自由裁量权很大，可以在法律规定的情况之下酌情考虑，我见过法院判彩礼一分不退的案例，也见过酌情退一部分的案例。法院可以根据双方共同生活的时间、彩礼的数额、彩礼的花费用途、当地农村风俗习惯综合考量，再确定是否返还彩礼及返还的彩礼数额。

还有一种情况是男女双方已经登记结婚了，也在一起共同生活，可是共同生活的时间特别短，刚刚结婚一个月就要离婚。仅仅按照法条理解，双方都已经办理结婚登记，并且在一起共同生活了，那么就不应该返还彩礼。但是，这种情况法官依然可以酌情判处返还彩礼，也许不可能返还100%的份额，但是需要返还很大一部分。

如果当事人既收到彩礼又收到嫁妆，一定要把彩礼和嫁妆分开，放在两张不同的银行卡里。

为什么这么办?

很多夫妻用彩礼和嫁妆凑在一起买房子，或者用其中的一部分买房，另一部分用来买车。对于女方最好的保护方法是，用自己的嫁妆去买房，用彩礼去买车。因为用嫁妆买房，房子可以保值增值（虽然现在不一定保值，但至少比车子贬值得慢一点)，用彩礼买的车则是贬值的。万一两人离婚或者分手了，要涉及返还彩礼的情况，可以区分出彩礼和嫁妆的不同用途，避免男方主张自己付出的彩礼都拿去买房了。房产是夫妻共同投资的，房子增值部分也能够清晰地划分。即便有一天要退还彩礼，不会涉及女方付出的嫁妆。当然，这些操作，都是为了保护女方应得的利益，而不是为了占男方便宜。

对方收了礼物，关系却不想更进一步，怎么办

谈恋爱的时候，男生为了表示对女生的爱意，通常都会送女生一些礼物。男生和女生对待收礼物这件事情，看法不尽相同。

很多女生认为，你既然主动送礼物给我，只要我收下礼物就属于我了。但是，我不可能因为你送给我很多礼物，而必须做你的女朋友，或者必须和你谈婚论嫁。因为恋爱和结婚是我的自由，送礼物是你的权利，二者不能混为一谈。

不过，男生对女生收礼物却有着不同的看法，他们会认为对方收了自己的礼物，那就是对自己有意思，想进一步发展两个人的关系。如果对方收了礼物，却不愿意做自己的女

朋友，或者和自己结婚，男生可能会有一种被欺骗的感觉。每每遇到这种情况，不少男生希望能把送出去的礼物收回来，甚至有的男生为了收回礼物，把女方告上法庭。

那么，这个请求有法律支持吗？

我曾经遇到过一位当事人，他在 34 岁那年认识了一个 24 岁的女生。两人都在深圳工作，在一次年会上相识，并且留了联系方式。有过一面之缘之后，男生开始对女生展开追求。每隔一段时间，就送给女生一些礼物。第一次送了女生一条 700 元的项链，又陆续给女生买了些化妆品。女生过生日的时候，男生送给女生一个 800 多元的手包。

但是，这个女生对男生似乎并没有太大的好感。每当男生想单独约她出去玩，她总是找各种理由拒绝。不是说公司开会，就是父母生病，完全不给男生单独相处的机会。男生追了女生三个月，眼看没法把女生追到手，就想把自己送给女生的东西都要回来。女生觉得礼物都已经收下了，哪还有再还回去的道理，一直没理会男生。结果男生一怒之下，想去法院起诉女生，而且跑来问我应该怎么办，礼物还能不能要回来。

判断男生送的礼物能否收回，最重要的一点是，看他送的礼物有没有什么特别含义，是不是以结婚为目的。比如男生为了追女生给女生买过蛋糕，还经常把女生爱吃的榴梿送给对方。这些礼物显然不具有特别的含义，而是出于礼节或者为了拉近两个人之间的关系而送给女方的。

至于男生送给女生的化妆品、项链、手包，看起来是价格比较贵的礼物，但这些物品是否具有特定含义呢？我认为具体到这个案例，双方并没有确立亲密关系，而且男生送出去的礼物总共不超过 2000 元，也没有什么太过贵重的物品。女生收礼物的行为，并不能表明她想和男生确立恋爱关系并且进一步谈婚论嫁，更重要的是从习俗上来讲，包包、蛋糕、榴梿之类的东西都不属于传统彩礼的范畴，所以这些东西不会被认定为彩礼。因此，男生送的这些礼物，女生没有返还的义务。

相反，如果男生送了女生钻戒、金项链、金耳环等，就存在返还的可能。因为这些礼物具有特定的意义。在法律上会被认定为是以结婚为目的的赠予，也就是彩礼，没结成婚的情况下应该退还。

最高人民法院的吴晓芳法官讲过一个案例。男方在谈恋爱期间送给女方三套房，分手的时候想把房子从女方那里要回来。女方说："你从头到尾都没说过要和我结婚，而且总是强调自己是一个不婚主义者，微信聊天记录都能证明。现在怎么能说这是彩礼呢？"这个案子最终的判决结果，因为男方明确地表示过自己是一个不婚主义者，所以他送的东西不可能是彩礼，女生不必返还男方送的三套房子。

你必须知道的“彩礼陷阱”

我在做离婚咨询的时候，经常遇到彩礼纠纷。这些纠纷虽然发生在不同当事人的身上，但是有几个陷阱是大部分人都容易踩的坑。

这些陷阱可以归纳为：彩礼在婚后收取、实物彩礼保管的争议、现金彩礼的归属证明、彩礼购房引起的纠纷、债务彩礼转化为夫妻共同债务。

不想掉进这些陷阱里，必须清楚这些陷阱的具体情况。

1 号陷阱：彩礼在婚后收取

举个例子，小美说自己有 100 多万元的存款，这笔存款中的 20 万元是男方在两个人结婚之后送的彩礼。这 20 万元是夫妻共同财产，还是彩礼呢？如果算作彩礼的话，那就变成了个人财产。

可是，小美和丈夫已经结婚十多年了，没法证明这 20 万元是彩礼。如果双方不能提供足够的证明，这 20 万元就会彻底变成夫妻共同财产。在大部分的婚姻中，丈夫大多会按照传统习俗先送彩礼，之后双方领证结婚。但是，有些夫妻想讨个吉利，选择在“5 · 20”“5 · 21”这些特殊的日子领证。这使得两个人领证之后，男方的彩礼还没送到。结果喜酒已经喝完，女方才收到彩礼，这笔钱就很有可能变成了夫妻共同财产。

2 号陷阱：实物彩礼保管的争议

男生送给女生金银首饰等彩礼，一般不会有收据。因为没有接收凭证，导致男生送了彩礼，却无法证明曾经送出过这些首饰。当两个人没法结婚的时候，自然很难要求女生把这些实物彩礼返还给自己。

反过来说，女生也很难证明彩礼收到后被谁保管了。我遇到过这样一个案例：女生在嫁给男生的当天，男生的妈妈就把金银首饰这些东西全部收走，告诉女生要替她保管。女生碍于面子，毕竟刚嫁进门，也不想婆媳关系闹僵，自然不会主动把这些金银首饰要回来。这导致两个人离婚的时候，男生主张让女方退彩礼，但女生认为彩礼已经被婆婆拿走了，却提供不了证据，这种情况下女生就会陷入被动。

3 号陷阱：现金彩礼无法证明所有权

现金彩礼和实物彩礼一样，很难确定是否存在。因为中国的夫妻在结婚时，正常情况下都不会让对方打收条，更不会注明这笔现金是干什么用的。尤其在熟人社会中，一旦把彩礼这件事分得太清楚，会影响夫妻感情，甚至使两家人结怨。这使得女方悔婚的时候，男方很难列举证据说明自己给了对方多少现金做彩礼。如果女方拒不承认对方给了自己现金，男方就很难把这笔钱要回来。

4 号陷阱：用彩礼购房引起的纠纷

这类纠纷在离婚案件中很常见，比如在结婚之前，男方向女方的账户转了 40 万元，并没有注明这笔钱的用途，两个人用这笔钱买了一套房子。这 40 万元可能是男方出的彩礼钱，也可能是购房的共同出资。房子买了两年之后，房价开始大涨。这对夫妻因为感情不和，向法院提起了离婚诉讼。男方主张房子为夫妻共同财产，要求分割房屋。这时，如果女方没法证明40万元是彩礼，则有可能被认定为房子的首付款，两个人要分割房产。

5号陷阱：债务彩礼转化为夫妻共同债务

我曾经遇到过一个女孩小悠，她家住在江西农村。她的男朋友家庭条件不好，父母都在老家务农。虽然在外打工有一段时间了，但是日常开销很大，基本上没存下什么钱。不过两个人的感情很好，为能把小悠娶进门，男友向亲戚朋友借了30万元做彩礼。小悠收下彩礼时很开心，觉得男友深深地爱着自己，于是和对方领了结婚证。两个人生活了一段时间之后，因为性格不合经常吵架，有时甚至大打出手。小悠难以忍受这样的日子，和丈夫离了婚。

离婚之后，当初借给丈夫钱做彩礼的人，纷纷找上门来要求小悠还钱。小悠这才知道，如果一方在婚前举债，这笔债务被证明用于夫妻生活，那么就会被认定为夫妻共同债务。小悠丈夫婚前借的这笔彩礼钱，就很可能被认定为夫妻共同债务。

03

保护婚前财产：为自己设立婚姻的“护城河”

婚前财产协议的技巧

婚前财产协议是个备受关注的话题，人们对婚前财产协议的认识存在着很多认知偏差。比如，很多人以为婚前财产协议只能约定婚前的财产，这种认识是错误的。虽然协议的名字叫作婚前财产协议，签订协议的时间一般也发生在婚前，但是这份协议既可以对婚前财产进行约定，也可以对婚后的财产进行约定。既可以把婚前归自己所有的财产约定为归共同所有，也可以把婚后自己得到的财产约定为归自己所有，还可以约定其中一部分归自己，另一部分归共同所有。

对婚前财产进行约定的时候，可以把自己婚前拥有哪些财产详细列明，并且说清楚这些财产在婚后的增值、涨价、收取的租金、变卖得到的现金等应该如何归属，甚至还可以对婚后财产的用途进行明确约定，比如我婚前首付的房子将来要出售，如果需要配偶签字，那么对方应该无条件配合签字，不得拒绝签署，对方拒绝签署应该承担什么样的责任。企业家尤其需要注意，婚前创立公司所得的股权，在婚后产生的分红、股票的增值，包括婚后股票的出售变现所得现金应该如何归属，这些内容在婚前可以详细列明。

婚前财产协议中，房产怎样处理

婚前财产的物质形态发生了变更（比如婚前的房产卖掉后再买，或者婚前的车辆以旧换新了，得到的新财产应该归属于哪一方），也可以在婚前财产协议中详细写明。如果财产是房产，则应该把房产的位置、不动产权的证号都写清楚，才能够具体明确协议规定的是哪一处房产，尤其是婚前没有还完贷款的房子，对还贷款这一部分钱，以及相应的增值和涨价部分，都需要做出详细规定。比如，夫妻领完结婚证之后，一方还贷款部分以及相应的增值部分和整个房子，都与对方无关，归还款人个人所有。如果没有签订这方面的协议，那么婚后所还贷款以及相应的增值涨价部分，属于夫妻的共同财产。

房子在夫妻领取结婚证之后，出租所产生的租金，如果在婚前没有约定，在婚后也没有用书面的协议说明白归谁，那么按照法律规定，夫妻之间只要有一方（无论是其中哪个人）为打理出租房投入过时间和精力，租金就属于夫妻双方的共同财产，租金归夫妻双方共同所有。不过，可以在婚前财产协议中直接约定，婚前的房屋出租所产生的租金收益，包括以后出售房产所产生的房屋价款和增值部分，以及婚后的还款部分，都归出资一方个人所有。

婚前收入的财产板块

如果婚前的财产是车辆，那么这辆车的品牌、型号、颜色、发动机号、车牌号都要在婚前财产协议中写明，如果车辆尚未还完贷款，那么更应该把婚后还款部分的钱由谁来出、这部分财产权利归谁的问题写清楚。另外，存款以及存款的利息，也可以在婚前财产协议中约定。有的人甚至把自己婚前收藏的字画、古董、文玩、家具、珠宝首饰、保单、电子产品等全部在婚前财产协议中列明，避免将来出现纠纷。

婚后收入的财产板块

婚后的收入主要有哪几个板块呢？

第一个板块，婚后的收益。

工资、奖金、报酬、知识产权所得和其他劳动收入，包括这些钱投资所产生的收益，这些都可以约定为个人财产。第一个板块中的财产是投入了时间、精力赚回来的，不管是工资奖金还是其他劳动收入，都可以计算在内。

这些财产可以约定归自己所有，也可以约定其中一定比例归自己所有，剩下的归夫妻共同所有，比如你年收入100万元，可以约定其中50%归个人所有，50%为夫妻共同所有。

第二个板块，父母赠予的财产。

父母在子女结婚之后赠予的东西，如果不做约定，就会变成夫妻共同财产。为了避免这种情况出现，应该在婚前财产协议里面写明，父母送给我的东西即使是婚后送的，也是我的个人财产。无论是房产、股票、基金、有价证券、公司的股权、理财产品等，只要是父母出钱买的东西，登记在自己的子女名下，都可以约定为子女的个人财产，不作为夫妻共同财产。父母送的财产在婚后所产生的收益，无论你的配偶有没有投入时间和精力，都可以提前约定归自己所有。

第三个板块，父母留下的遗产。

父母如果离世了，留下来的家产按照法律规定应该归夫妻双方共同所有。除非父母立下遗嘱明确表示在去世之后，财产归子女单独继承，与其配偶无关。如果父母不曾立下遗嘱，那夫妻双方可以在婚前财产协议中明确约定，各自从父母那里继承的财产，不属于夫妻共同财产，这是对将来有可能发生继承的财产进行的明确约定，没有人知道继承什么时候发生，但它早晚要发生。结婚之前把将来可能继承的财产所有权约定清楚，可以避免将来夫妻之间为争夺对方的家产而产生矛盾。婚前如果没来得及签订协议，也可以在结婚之后通过夫妻财产约定书来写明，各自通过继承得到的财产，归各自所有，不属于夫妻共同财产。

第四个板块，婚后购买的财产。

夫妻在婚后购买的财产是夫妻共同财产还是个人财产，也可以用婚前财产协议提前约定清楚。婚后各自拿着自己的收入购买的房子、车、股票、基金、包、表、金银首饰等，都可以约定归各自所有。

除了财产之外，债务问题很容易被忽略。

财产分为正向财产和负向财产，债务作为负向财产也应当在婚前财产协议中明确约定。对于债务的约定应当写明婚前欠债的缘由、额度、欠债对象、偿还时间、有没有担保等。在协议中还可以约定，一方故意隐瞒了自己的债务问题给对方造成了损失，应该承担什么样的违约责任。对于婚后欠债，可以约定双方在对外借债的时候，要说明夫妻双方各自偿还所借债务，谁欠的债谁来还，而且这项约定要让债权人签字确认。如果对方借债的时候，债权人没有确认，那么债务人应该承担什么赔偿责任，都可以在协议里写明。

如何约定抚养子女的责任

除了财产之外，婚前财产协议还可以对子女的抚养问题进行约定。很多人认为，拟定婚前财产协议的时候还没有子女，婚前财产协议里能写子女问题吗？写子女问题有没有可能造成婚前财产协议无效？

我认为，婚前财产协议里只能写子女的抚养费用问题，不能约定子女的抚养权归谁。既然婚前财产协议是一份财产协议，那么在里面谈养孩子要花多少钱、怎么花、谁来花的问题就无可厚非。夫妻有了孩子总归要花钱的，孕、产、检、哺乳的整个过程都会使得女方被迫降低收入。在这种情况下，双方可以在结婚之前就明确约定，如果女方怀孕，男方应该给女方哪些补偿（如果已经收取了彩礼，并且彩礼金额已经考虑到女方怀孕生产时的费用，那就另当别论）。如果女方全职带娃，男方应该给女方哪些补偿。

婚前财产协议的大方向是，婚前的个人财产归各自所有。在这种前提下，女方承担着更多的生育和养育后代的义务，同时她的收入会降低，赚钱的能力也会下降。所以，在婚前财产协议里面，明确女方怀孕、生子、哺乳期间的花费由谁来承担，女方降低的收入又如何弥补，以及过了哺乳期之后，孩子的花费应该如何分摊，都是合情、合理、合法的。双方甚至可以提前为孩子的降临进行储备，比如每个人拿出工资的一部分作为共同的教育基金，为共同养育孩子做准备。

有些人会认为，夫妻双方如果算得那么明白，这日子能过下去吗？

从法律专业角度来看，婚姻原本就是一种财产制度，婚姻的起源就跟保护私有财产密切相关。现实生活中，我们看到很多夫妻之间都是AA制，日子照样过得非常和谐，因为他们看透了婚姻的本质。

我们经常把婚姻比作要找一个合适的合伙人，一起来经营一家公司。这家公司里最大的项目，就是生育共同的后代。既然是共同的项目，就得权责明晰，项目才有可能做大做强。

婚前的房产，如何进行收益规划

婚前房产的租金归谁所有

婚前买的房产，如果已经还完了贷款，那就是个人财产，夫妻结婚之后，房子的租金怎样才能变为个人财产呢？

在司法实践中，夫妻一方婚前的个人房产出租，拿到的租金通常会被认定为夫妻共同财产，为什么呢？因为结婚之后，夫妻双方只要有一个人，无论是谁，对租房投入了时间和精力，得到的租金，就是共同的。你要去找租户签合同，房子漏水或者洗衣机、冰箱坏了，要帮租户更换，这些都是你投入的时间和精力。结婚后，你的时间、精力和劳动价值都属于家庭，打理出租房付出的时间和精力，赚回来的钱也应当是夫妻共同财产。

怎么才能把婚前的房产产生的租金，不作为夫妻共同财产，而作为个人的财产呢?

只要在婚前一次性投入时间和精力，结婚之后不再投入时间和精力，则房租不能算作夫妻的共同收益。比如在婚前和一个中介或者资产管理公司签一揽子协议，委托对方全权打理房子，按月给你支付租金，其他问题都不用过问你。那么这种情况下，你可以证明婚后自己和配偶没有对租房的事情付出时间和劳动，房租就不会被认定为夫妻共同财产。收到的租金也要单独放在一张卡里，这张卡不能与婚后的收入混在一起。

婚前房产卖出后再买的房子应当归谁所有

婚前的个人财产在婚后的形态发生了变化，会不会导致所有权发生变化?这个概念很抽象，举个实际的案例，比如男方在结婚之前有一笔60万元的存款和一套房，结婚之后为了能够更好地照顾生病的爸爸妈妈，把婚前购买的这套房子卖了，用房产和婚前的60万元存款买了一套新的房子。婚后买的这套房是全款购买，并且落在了男方一个人的名下。男方购房的所有资金来源都是婚前的个人财产，只是在形态上发生了变化，而且婚后购买的这套房子登记在男方一个人的名下，所以房子会被认定为男方的个人财产，而不是夫妻共同财产。

当然，房子作为男方个人财产的前提，是他能够做到以下几点：

第一，婚前的那套房没有任何贷款（也就是结婚之后没有为那套房还过一分钱）；

第二，婚前的存款和婚后的存款没有混在一起；

第三，婚前的房子卖了之后，房款也是单独放在一张卡里，没有跟婚后的存款混在一起；

第四，婚后购买的这套房子所用的全部款项（包括中介费、税费、装修费等），都来自婚前财产的变卖和婚前存款的积累；

第五，登记在自己一个人名下。

需要特别补充一点，男方买这套房的目的是为了照顾生病的父母，而不是为了投资增值。如果男方买这套房是为了投资增值的话，那么在婚后购买这套房应当算作婚后的投资行为，将来这套房子增值涨价的部分，有可能被认定为夫妻共同财产。但是，为了方便照顾生病的父母而买房就不能视为投资行为，一旦房子被认定为男方的个人财产，那么房产将来增值涨价的部分依然归男方个人所有。

总结一下，婚前个人财产在婚后形态上发生了变化，并不会导致所有权发生变化。但是，如果财产的形态变化是为了投资，那么投资产生的增值和收益，会被认定为夫妻共同财产。

婚前双方父母共同全款买房，所有权怎样分配

很多夫妻在结婚之后，两家的父母都会出资帮助小两口购买房产，婚前双方父母共同全款买房的所有权应该怎样分配？

如果双方父母出的钱已经是全款，并且将房子只登记在一方子女的名下，那么按照司法解释的规定，夫妻双方应当按照各自父母出资的比例享有房产。

这里会有一个反常识的状态。比如，为了购买一套房子，男方的父母出了 99 万元，女方的父母出了 1 万元，房款总共 100 万元。双方的父母全款买下来这个房子之后，为了让女方觉得有安全感，男方的父母直接把房子登记在儿媳妇的名下。

但是，按照司法解释规定，由双方父母出资购买的不动产，产权登记在一方子女名下的，应被认定为按照双方父母各自出资的份额按份共有。比如，房子登记在女方一个人的

名下，夫妻离婚分割房产的时候，男方父母出资 99 万元，女方父母只出了 1 万元，女方只能分得房产的 1%，男方则可以分走房产的 99%。如果男方父母学过婚姻法而女方父母没有，女方父母会觉得男方父母非常大方，买房子出了大部分的房款，还把房子登记在自家闺女名下，最后才发现，自家女儿并没有占到便宜。

听过我直播的朋友应该知道，比较稳妥的做法是直接将房子登记在夫妻两个人名下，且直接登记为按份共有，男方占多少比例，女方占多少比例，在房产证上写清楚。写明了份额，夫妻离婚的时候，通常是按照房产证上登记的比例来分割的。

我个人对老年人出钱给子女买房这件事情，是比较谨慎的。一来，老年人没有法律上的义务给子女买房；二来，老年人的赚钱能力是越来越弱的，如果因为子女离婚，把老年人一辈子的积蓄都折腾没了，这是不公平的。

如果你也想保护父母的财产权利，那么借款协议是一个比较靠谱的事情。无论老人图不图你还钱，当他们出钱给你买房的时候，你都可以主动给老人把借款协议签好，无论是婚前借的还是婚后借的，都要通过银行转账留下记录，转账时可以备注为借款。有了这个借款协议和转账记录作为凭证，即便将来闹离婚，房产被作为夫妻共同财产要分割，那么因为买房而欠老人的这个债务也应该由夫妻俩共同来偿还，这样最起码可以保住父母当年为你们买婚房所出的本钱。

借款协议能做公证当然最好，不做公证在法律上也是可以的，因为实践中的法官更倾向于保护老年人的利益。老年人给子女出钱买房，如果子女离婚了，老年人拿着手上的借条起诉到法院，告诉法官当初自己借给儿子 99 万元购买婚房，儿子已经给我签字画押了，而且还有转账记录作为凭证。

这种情况下，法官会倾向于保护老年人的利益。虽然法官也知道这个借条很可能是后补的，但是依然愿意选择保护老年人的财产利益。

当然，在这类案件中，法官的自由裁量权很大。全国各地的法官，都会有自己的判断。有的法官明知是后补的借条，也会将借条作为证据。而有的法官则相反，除非借条已经公证，否则不能作为证据。因此，当事人最稳妥的做法是给借款的协议做个公证。这份协议不需要儿媳妇签字，不会伤害夫妻感情。万一两个人离婚，公证过的协议就是保护老人财产权的“王炸”。

父母出资买婚房，需要注意什么

房子几乎已经成了结婚的“标配”，但是在一二线城市，很多小两口很难用自己的积蓄买一套婚房。于是，父母替子女买房成了普遍现象，一套房子几乎花光了父母的积蓄。父母出资给子女买房，是对子女的资助，也非常容易产生纠纷。

对于父母出资购房的资金性质，司法案例也经历了一个演变过程。

一开始，法官更加倾向于将父母出资，认定为父母对子女的赠予。因为从亲情的角度来看，中国的父母一般会自愿出钱给子女买房子，以此来帮助孩子解决住房问题，让小两口过得更幸福。

如果夫妻二人的婚房登记在两个人名下，则将房子认定为夫妻二人的共同财产，父母的出资也被认定为赠予而非借贷。开始的时候，中国的房价并不高，但是现在的房价相比十多年前翻了数倍，父母出资替子女买房，如果是全款，至少要花费上百万元甚至几百万元。一旦子女离婚，房子就会变成一个非常棘手的问题。

试想一下，你是一位70多岁的老人，用一辈子的辛苦钱给子女买了一套房子。结果孩子离婚的时候，房子要被分走一半，你心里是什么感觉？是否会感到不公平？

近些年来，司法案例中对类似案件的举证责任，也在逐渐发生变化。有些法官更加倾向于，由被资助的一方证明父母的出资是赠予（说白了，就是让小两口拿出证据来证明这些钱是父母当初送给他们的，而不是借给他们的）。如果没办法证明，父母的出资会被认定为借款。这一举证趋势的变化，也体现了司法价值取向的变化，老人的养老钱在被重点保护。比如我在开庭的时候，有些法官对当事人说："对方父母给你出了几百万的钱买房子，你结婚两年就想分走一半，你自己觉得合适吗？"

其实，不管举证责任有怎样的变化，法官的判决倾向如何，这些信息都在提醒我们：父母出资买房存在着巨大的法律争议。即便当时父母的出资没有打借条，而是事后补充的证据，法官也可能认定这是父母对子女的借款而不是赠予。

因此，当父母出资为你购房时，最好在婚前财产协议中，明确注明这笔出资的性质，避免婚后可能面临的财产纠纷。

如果有能力，尽量自己出钱买婚房

我接待过一位当事人小清，她今年 23 岁，刚刚毕业，目前在一家外企工作，月薪 8000 元到 10000 元。虽然工作比较辛苦，但是作为一名刚刚毕业的大学生，这个收入已经相当不错了。

小清性格开朗，和周围的同事很合得来。她发现大家在聊天时，话题经常会聊到买房子的问题。有的同事告诉小清："赶快买房子吧，你看去年房价才 10000 元一平方米，今年涨到 13000 元一平方米，再不入手一套房子就晚了。"

看到不断上涨的房价，小清也是看在眼里急在心里。但是，她一个刚刚毕业的大学生，虽然收入比较稳定，但用来付房子的首付还不够，没法凭借自己的收入买房。于是，小清找到自己的父母，希望他们能资助买房的首付款，自己用工资慢慢还贷。

可是，父母却对她说："你一个女孩子家着什么急买房子？你找个有房的男生，等到你嫁人的时候，住在男方家不就行了？"

小清觉得还是自己在婚前买房比较好，以后结婚也更硬气，但是不知道如何说服父母帮忙付首付，于是请我帮忙分析一下自己出钱买婚房到底好不好。

近些年来，女性独立购房的比例逐年增加，这不仅是女性收入水平的反映，也体现出了女性不断增强的独立精神，我个人是倾向于女方要有自己独立的房产，哪怕面积小一点，有一个完全属于自己的空间是一件很美好的事情，自己在家爱干吗干吗，自由自在的，多好呀。

《民法典》规定，如果夫妻一方在婚前，用自己的个人存款、父母资助，全款购买一套房子，则房子属于个人财产。如果只是付了首付款，婚后继续还贷款，那么婚后共同偿还的贷款，以及房产增值部分属于夫妻共同财产。在司法实践中，法官一般会把房屋的产权判给购房人，再让购房人补偿共同还贷款的部分，以及还贷款部分所对应的增值部分的一半给对方。

这样听起来很抽象，不容易懂，下面给大家算一算具体的账，更容易懂。

举个例子，女方在婚前买了一套价值300万元的房子，首付90万元全部由女方承担，贷款210万元。结婚后，婚姻期间一共还贷40万元。那么，离婚之后女方只需要补偿男方共同还贷的40万元的一半，也就是20万元，如果这套房子涨价了50%，那么还需要再给男方20万元的50%也就是10万元，总共给男方30万元，这套房子依然归女方所有（这个计算方法是根据法律规定得出的普遍使用的方法之一，由于全国各地的银行与房贷相关政策及还款的方式有所不同，计算出来的补偿金额会有一定出入，但龙飞律师给大家展示的总体计算逻辑是没问题的）。

很多女生总是期待着由男方提供婚房，但我依然建议，有能力的话，女生自己买房是很不错的选择。

婚前必须做财产公证吗

举个例子，如果你在结婚之前有一套全款公寓，公寓没有任何银行贷款了，它不涉及结婚之后还贷款的问题。这一套公寓，不论做不做公证都是你的个人财产，只要你活着，这套房和配偶是没有关系的。如果你先于配偶逝世，又没有安排遗嘱，没说明白这房子怎么分，那么配偶是有继承权的（这个时候房子就跟配偶有关系了）。

如果你有一些现金存在银行卡里面，而且和父母的一些私房钱放在一起，这种情况应该怎么处理呢？

如果是自己的婚前存款，建议单独放在一张银行卡里。这张卡在结婚之后，不要再往里面存钱，也尽量不再花这张卡里面的钱。在法律上，卡里的存款从余额变动的日期上是可以证明这些是你的婚前财产。因为钱本身很特殊，结婚之后如果继续往里面存钱、再花卡里的钱，就说不清楚到底哪些钱是婚前存款、哪些钱属于婚后存款，自然会混成一锅粥了。

想在结婚之后用卡里的钱怎么办呢?

例如，你看到一辆车很想买，可以从这张卡里出钱全款买下来，所有的税费也都从这张卡里出，车登记在自己一个人的名下，这样可以证明买车花的每一分钱都是婚前的存款，那么这辆车也该归自己。

如果自己公司的股票分红存在另外一张卡里，是否也是个人财产呢? 并非如此。因为结婚之后，经营公司的时间、精力、劳动，都不是你一个人的事。举个例子，你在外面做生意，老公在家做饭、洗衣服、打扫卫生、照顾老人和孩子，也是在为你安心做生意提供帮助。夫妻结婚之后会分工，即便公司所有的工作都是你来干，但是从结婚开始，你的时间、精力、劳动，都不是一个人的付出，得到的回报也应当是这个家庭的共同收益，所以公司就算是你婚前创办的，在婚后所得到的分红，也是夫妻共同财产。

04

理性思考：

时刻保护自己的人身安全

如何看待婚前亲密行为

婚前亲密行为对于恋爱中的男女而言，一直都是一个敏感的话题，但我斗胆在这里与大家探讨一下。我的观点不一定正确，但希望可以给大家提供思考问题的一个小角度。

我们在校园里很难接触到两性方面的系统教育，尤其是在恋爱中如何处理两性关系，大多数年轻人都是懵懂的。这导致很多女孩在面对男友提出发生亲密行为时，往往不知道该怎么处理，我的当事人小图就是其中之一。

小图和男友是相亲认识的，两个人在相处了几个月之后，彼此越来越喜欢对方。小图的男友是个很优秀的人，年纪轻轻就当上了一家上市公司的高管。男友不仅事业有成，对小图也很体贴照顾。

有一次约会，两个人在外面玩得很晚，男友提出想和小图在外面过夜。小图是个很保守的姑娘，从心底没法接受婚前亲密关系。她心想，男友平时看起来很单纯，怎么会向自己提出这种要求呢？小图拒绝了男友的请求，一个人回了家。从那之后，小图陷入了纠结，担心男友再提出亲密行为的要求，自己不知道如何应对。于是，她来寻求我的帮助，想听听我对这件事情的意见。

我认为，女孩要健康、正确地看待亲密关系，并且鼓励女孩在婚前建立亲密关系，学会享受亲密关系。当然，这都是在保证双方的身体健康，没有任何不良嗜好的前提之下。两个人在有亲密行为之前，最好先做个体检，而且要做好避孕措施。

婚前亲密关系也是学习的过程，没有谁在这方面天生很明白。很多夫妻在结婚之后，因为夫妻生活不和谐而离婚，有个重要原因是双方都缺乏亲密行为的经验，这反而导致婚姻生活出现了问题。

在旧社会，人们主张女人要从一而终，老公去世之后一生不改嫁，还会给这样的女性立起贞节牌坊。为什么会有这样的观念？因为古代是男性主导的社会，加之没有基因鉴定技术，男性群体从骨子里想要保证自己的基因能够得到传承，女性不得不被灌输三从四德的道德观念，让女人觉得，一辈子只和一个男人发生关系才是高尚的，是可以被立贞节牌坊的。

当下，时代完全不同了，女性经济独立，为什么还要遵从这样的道德标准呢？我们应该用更加健康的心态面对婚前亲密关系。而且不要先入为主地排斥婚前亲密关系，认为别人向你提出了这方面的请求，或者自己有这种想法，这个人的道德一定存在缺陷。相反，在恋爱中隐瞒自身亲密能力的不足，导致婚后生活不幸福，才是不道德的行为。在我的直播间里至少出现过十多个案例，都是婚前没有亲密关系，婚后才发现老公有一些生理上的缺陷，结婚好几年都无法正常过夫妻生活。

所以，现代女性应该以更理性的态度面对婚前亲密关系。在保障双方身体健康、做好避孕措施的前提下，享受亲密行为带来的快乐，享受情感升温之后，亲密无间的过程。

没有领证，却有了孩子，怎么办

青青最近遇到了一个很棘手的问题。

她今年 28 岁，在网上聊天时认识了自己的男朋友。由于家里不断催婚，青青想赶紧找个合适的人嫁了。

相处了 3 个月之后，两个人在老家办了酒席，确立了夫妻关系。青青很快生了对方的小孩，但是一直没有领证。直到小孩两个月大的时候，青青为了给孩子上户口，才发现丈夫是已婚状态。

由于要给孩子上户口，需要孩子父母的身份证，因为孩子的亲生父母没有在民政局办理相关手续，派出所的民警查询男方的身份信息时，发现他已婚。一追问才知道，男方说自己和前妻实际上已经分居很多年了，当初也是法院判决离婚的，只有判决书，没有离婚证，所以派出所查不到离异的信息。青青要求男方跟自己领取结婚证，但是男方总是推托，说现在还不能跟青青结婚，之所以不领结婚证，是因为跟前妻还有房子分割的问题没有解决，暂时不能让前妻知道他结婚，否则房子就拿不回来了。

除此之外，男方还有另外一个交往了三年的女朋友，青青怀孕的时候，他们两个人一直在一起。

青青也想过离开他，但是他们的小孩突然得了很严重的病。如果没有一个男人在身边，她一个人很难应对，也没钱治病。对于孩子的病情，“丈夫”的态度很冷漠。他可以承担孩子看病的花费，抚养费和生活费也会按时给青青，但是不想和她一起照顾小孩。

经历这件事情之后，青青感到非常绝望，只能来问我应该怎么办。

听完青青的遭遇，我既感到心疼又觉得疑惑，为什么要等孩子都出生了才想着去领证呢?

现在青青处于一个很尴尬的境地，由于两个人没有领取结婚证，法律没法对青青进行保护，她只能看“丈夫”的脸色行事。对方愿意出钱给孩子治病就出钱，但不能指望他天天陪孩子去医院，更不能指望他陪在孩子身边，凡事必须自己拿主意。只要这个男人愿意给钱，就不要纠结对方能不能陪伴自己了。如果男方有离婚判决书，他实际上是处于单身状态，而青青面临着和另外两个女人争抢一个男人的局面。

如果青青没有独立赚钱的能力，不能独立负担孩子的医药费，就不得不和这个男人维持现在的关系，不敢和他决裂。不管这个男人做了什么对不起她的事情，青青只能采取忍耐的策略，因为她和孩子都要靠对方养活，而且他已经离了婚，和任何人谈恋爱都是合法的。而男人最终选择谁，很可能优先看自己和谁在一起最轻松。采取这种应对策略，对于青青一定是不公平的，却也是没有办法的事情。

这个故事给了我们一个老生常谈的警醒，但这样的警醒再多也不为过：当女性无法独立生存，又缺乏保护自己的意识时，请记好结婚生子这件事的顺序，一定是先领证结婚，再准备怀孕生子，千万别搞反了。

不想在一起，却怀孕了怎么办

Lily 是一位单身母亲，离婚之后，一个人带着一个 5 岁的孩子。Lily 的同学看她一个人带孩子很不容易，就把自己丈夫的兄弟阿冰介绍给了 Lily。

两个人见面后相互感觉还可以。又因为是朋友介绍，交往一段时间之后就发生了亲密关系，那时候正好在 Lily 的排卵期，所以意外怀上了对方的孩子。阿冰知道 Lily 怀孕了，希望她把孩子生下来。于是，给她送了 8 万元的彩礼，两人领证结婚。

但是，结婚之后阿冰总是念着他的前任，而且脾气也很不好，动辄对 Lily 进行辱骂，是典型的边缘性人格障碍者，遇到事情容易走极端。两个人总是因为生活中的琐碎事情吵架，而且，阿冰觉得Lily是二婚，要他8万元的彩礼太多了，经常指责Lily用结婚来骗他的钱。

怀孕两个月的时候，两个人一起去医院看病。注射室里有其他病人在就诊，Lily提醒阿冰应该回避一下，可是阿冰听到后瞬间火了，恼羞成怒，对着Lily大叫："老子就是要在这里看！给老子滚一边去！"说着，抬手给了Lily一记耳光。

两天之后，两个人又为了一件小事吵了起来，阿冰不但故意叼着烟头烫Lily的眼角，还对着她一顿拳打脚踢。Lily实在难以忍受阿冰的家庭暴力，但自己又已经怀了阿冰的孩子。一时不知道该怎么办，于是来向我咨询应对的策略。

听了Lily的遭遇，我真的为她着急。在这种情况下，保持头脑清醒最重要，必须知道什么事情应该立刻去办，什么事情可以往后放一放。

对于Lily而言，她应该衡量自己的经济实力，如果经济允许，并且已经察觉出对方不是好的结婚对象，决定不和对方在一起生活，就该快刀斩乱麻。

她已经是个单亲妈妈了，如果选择离婚，那么她有能力抚育两个孩子，让他们快乐地成长吗？

我告诉她："你生过孩子，也养过孩子了，你知道养孩子意味着什么，现在肚子里的这个孩子，你真的敢生下来吗？”

我知道，我的建议听起来有些残忍，但是让一个无辜的孩子在降生之后，面临一个破碎的家庭、家暴的父亲，是不是更加残忍呢？不论是出于对 Lily 的保护，还是为孩子的未来考虑，我们都要谨慎去选择孩子是否降生。

至于彩礼的问题，扣除打胎需要的手术费、营养费和其他花销，剩余的退给男方就好，保护自己的身体最为重要，把自己的身体伤害降到最小。

Lily 的遭遇值得每一位女同胞警醒。

女人在两性关系中，一定要注意以下几点：

第一，对自己的身体要特别了解，比如你的安全期、排卵期。

第二，男女之间的亲密关系，必须慎之又慎。

我曾看到过一个可怕的故事：女孩毕业之后一个人去丽江旅行，在火车上认识了一个男孩。这男孩长得高大英俊，谈吐风趣幽默，一群人喝着小酒唱着歌结伴旅行。旅途中两人发生了亲密关系，女孩觉得大家都是阳光男女，没必要做保护措施。

回北京之前，男孩留给女孩一封信，告诉她这是一份惊喜，一定要到了目的地再打开。女孩到家之后拆开信，上面写着“欢迎来到艾滋病奇妙的世界”。

这个故事不一定真实，但我觉得适合所有的女孩子看看，因为我们不知道这个世界上是否真的有极少数的人心理上有些扭曲。

在发生亲密关系之前，必须对男方知根知底，最好提前做个体检，而且要做好保护措施。避免因为对自己的保护不到位，造成意外怀孕或者感染疾病。

Lily 的经历非常不幸，但幸运的是她遭受的身体伤害并非不可逆。办理离婚之后，即可跳出火坑，对她也没有多少损失。但是，如果像故事中被艾滋病患者故意传染的女孩那样，由于自身的疏忽犯下大错将追悔莫及。

怀孕但不想结婚，可以把孩子生下来吗

小花今年28岁，在一家外企做高管，自己有房有车，怀孕三个半月，但是没有结婚。胎儿的父亲是外省人，工作很稳定但是没有房子。两个人认识的时间不长，只有一年左右。得知小花怀孕之后，男方并不想承担责任，于是各种哄骗小花，说自己还没有准备好要孩子，现在也不是最好的时候。

男友的做法让小花很伤心，她下定决心不和男友结婚，但是她确实很喜欢孩子，很想把小孩生下来。孩子出生之后，小花希望男友签署一份放弃抚养权的协议，她很担心孩子生下来之后，男友会通过诉讼的方式争夺孩子的抚养权。如果男友得到孩子的抚养权，对小花来说牺牲太大。

小花这种情况应该把孩子生下来吗？男方有可能得到孩子的抚养权吗？

小花的情况和前文青青完全不同，她有一份很好的工作，可以养得起孩子，并不需要经过男人的同意，只要自己有生育意愿就可以把孩子生下来。

小花也不需要领结婚证，在给孩子上户口的时候，出生证可以只写妈妈那一栏，补全一份亲子鉴定就可以上户口。而且现在国家鼓励生育，孩子上学也不受影响。当下的社会风气比以前更加包容，对非婚生子女大家都可以接受。

至于孩子的父亲抢夺抚养权的问题，小花完全不用担心，因为这种情况下父亲想争取孩子的抚养权比登天还难。

首先2岁以内的宝宝，法官基本上会把抚养权判给妈妈。母亲一直抚养孩子，陪伴孩子的成长，父亲对于孩子是陌生人。从有利于孩子成长的角度来看，没有哪个法官会把孩子直接判给一个对孩子素未谋面且毫无带娃经验的父亲。

即使女方的经济条件不如男方，只要你可以给孩子提供健康的成长环境和教育环境，能够让孩子上得起学，男方基本上很难争到孩子的抚养权。所以，如果你意外地未婚先孕了，经济条件好，自己又非常喜欢孩子，那就放心大胆地迎接这个新生命吧。

保持清醒，避免对身体的伤害

我的一位当事人小卓，因为在婚前多次进行终止妊娠的手术，导致终身不能怀孕。

小卓出生于 1992 年，有一个谈了四年半的男友。他们两个人都是农村出来的，从事的都是销售行业。小卓的收入大概在每月 15000 元，男友则在 10000 元到 30000 元。

在两个人相处的这几年，小卓怀了三次孩子，但是都没有留下来。

第一次怀孕是因为她没有安全感，加之家里不同意她和男友在一起，自己主动把孩子打掉了。

第二次怀孕则是两个人都觉得没有准备好，他们也没有做家长的样子，所以第二个孩子又没要。

第三次怀孕又是因为家里不同意两个人结婚，双方谈了很多次也没有办法解决，两个人分手，孩子又被打掉了。分手之后，男友来找过她很多次，希望复合，但是小卓没有同意。后来小卓发现男友很快结婚并育有自己的子女，这让小卓伤透了心。

更令小卓绝望的是，第三次流产手术之后，医生告诉她再也不能怀孕了。小卓找到我，希望我能告诉她一些方法，让她能从男友那里得到一些补偿。

听到小卓的遭遇之后，我只能为她感到惋惜。在法律上，很难找到依据去要求前男友补偿自己。因为她和男友是自由恋爱，选择流产，也是出于自愿，分手也是因为自己的父母不同意他们结婚，从头到尾，男友似乎没有什么过错。

小卓已经确定不能再自然受孕了，而她很喜欢小孩子，也很想要一个自己的孩子。怎么解决这个问题呢？唯一的办法就是拼了命挣钱，或者再遇到一个经济条件好的丈夫。小卓不能够自然受孕，可以借助于医疗技术，当然这需要花大量的钱财。

总之，她要么自己有本事能挣这么多钱，要么找一个条件好的老公，愿意帮她实现这个愿望。在不可能获得外力帮助的前提下，小卓必须通过自己的努力解决这些问题。

退一万步讲，即使对方愿意用金钱弥补，那也永远无法消除自己身体所受到的伤害。

遵从内心的感受，不要委曲求全

小徐大学一毕业便考上了教师编制，成为一名高中老师。

她的男友是高中毕业，很有上进心，工作能力也很强。小徐和男友小刘在一起磨合快一年了，平时经常吵架。两个人已经见了双方家长，而且男友也没有任何不良嗜好，但是，两个人之间始终有矛盾没法解决——小刘一直跟自己的前女友有联系。

小刘和小徐在认识的时候，已经和前女友分手一年半了，但是小刘在这一年半中，一直和前女友断断续续有联系。每次小徐问他前女友的事情，小刘总是采取回避态度。

现在两个人已经订婚，还没有领证。最近小徐发现自己已经怀孕一个多月，男友还是和前女友藕断丝连。只要和小徐吵架，他就去找前女友倾诉。倾诉之后，又会和小徐陷入新一轮的争吵。后来，小徐在翻男友的聊天记录时，发现他们在热恋期的时候，男友仍和其前女友有联系；他的前女友和他暧昧地联系着，完全没有结婚的意思。小徐还发现，男友在和自己谈恋爱已经半年的时候，背着自己向前女友的账户转账 4990 元。这些事情让已经怀有身孕的小徐心力交瘁，不知道应不应该和男友结婚，所以来问问我的意见。小徐说，对于男友给前女友转账并不生气，而是无法接受对方欺骗了自己。

可以看出，小徐和男友之间的感情并不稳定，在怀孕过程中肯定还会出现很多让她失望的事情。

有时候，女人一旦怀孕，对方没有全身心地参与，哪怕背着你接个电话、发一个短信，都会让你内心极度不安。因为女人在怀孕和生产过程中，容易焦躁、愤怒、多疑，情绪会被放大。决定和一个感情不牢靠的男人生孩子，这个过程会让你终生难忘，只要想起来都特别难以承受。

女性在怀孕生产的过程中，另一半没有给你提供安全感，没有共同孕育生命的感觉，但凡感受到他有一丝不耐烦、拖沓和敷衍，都会成为你一生都过不了的坎。尤其是对方已经欺骗了你一次两次之后，不管他说什么，都很难挽回彼此间的信任了。

我希望所有的女性朋友对于这件事，都应该有自己的独立判断。不要因为双方已经订婚，或者父母不允许自己离婚，就不顾自己内心的感受委曲求全。作为一个在社会上能够独立生存的成年人，必须要遵从自己内心的感受。不要因为自己的好胜心，或者周围人的舆论，做出违背本心的决定。人要从自己的内心出发，时时关照自己的情绪和心境，才是对自己最大的保护。

遇到骗财型骗婚怎么办

在伤害未婚女性的诸多案例中，骗婚是最恶劣的一类案件，对女性的伤害最大。骗婚主要包括以下五种类型：骗财型、装富型、隐瞒病情型、隐瞒已婚型、隐瞒婚姻经历型。其中，以骗财型骗婚最为普遍。

什么是骗财型骗婚呢？就是打着恋爱的幌子，骗取女性的钱财。

我曾遇到过一位当事人坤坤，她是一位高知女性，在一所大学当副教授。由于年龄比较大一直没有结婚，所以非常着急地和一位网恋认识的男青年见面。男友在和她认识一段时间之后，告诉她自己的母亲病了，并且以此为由开始向她借钱。坤坤觉得既然两个人已经谈婚论嫁了，给自己未来的婆婆治病是应该的事情，于是给男友转账 30 万元。结果男友收到钱之后，立刻人间蒸发，坤坤这才意识到自己被骗婚了。

坤坤这个被骗的案例，就是典型的骗财型骗婚。骗财型骗婚主要包括：骗彩礼，骗房产，骗贷款。

第一，骗彩礼。

这类骗婚主要以骗彩礼为主，在跨国婚姻中比较常见。比如，有些地方男多女少，经济相对落后，青年男性就通过一些婚介机构娶外国新娘。一开始这些婚介机构会给男方推荐一些外国女性，选定之后就会安排两个人见面。这时，女方会和婚介机构一起巧立名目，索要高价彩礼。当彩礼到手之后，外国新娘和婚介机构会立刻消失。

如果报案追查下去，会发现有很多受害者。婚介机构和新娘都是团伙作案，甚至营业执照、身份证、护照等证件，都是伪造的。农村的彩礼诈骗案件手法类似，只是婚介机构换成了媒人、舅舅、父亲等身份。

想要杜绝骗彩礼的事情发生，在婚前多了解一下对方的情况，包括父母、亲友、工作单位等。仔细调查一下对方的原生家庭、征信记录、体检报告、房产查册、婚姻档案、报警记录等。通常情况下，彩礼诈骗不止一人，而是团伙做案，受害人群体很广泛。而调查了对方的信用记录、婚姻档案、房产查册一般都需要对方配合，当你要求对方配合查询这些信息时，对方往往会以各种理由推脱，甚至直接消失。

第二，骗房产。

这类诈骗主要发生在“老少恋”“黄昏恋”中，有些老人被年轻姑娘迷住，把自己的房产稀里糊涂地过户给对方。也有上了年纪的大妈，看到英俊的年轻小伙子，以为自己遇到了真爱，被花言巧语地哄骗之后，按照对方的要求把房产过户，结果造成了巨大的损失。

有一位当事人是50多岁的女性，喜欢上一个30多岁英俊帅气的男子。经过几天的交往，两个人确定了男女朋友关系。一个月之后，男友对她说自己借高利贷炒股亏了钱，大概500万元，必须在两天之内还钱。于是，大妈把自己的房子抵押了，将400万元给男友还债。其间，她的母亲苦口婆心地劝她不要这么做，认为其男友很可能是骗子。大妈却很不以为然，并且告诉母亲，钱被骗了可以再赚，真爱没了就再也找不回来了。

后来，这个男子被捕落网，供出了自己做过的案子。警察找上门让她录口供，她竟觉得这里面有什么误会，不认为自己被骗了。

如果在谈恋爱的时候，一方频繁地向另一方索要礼物或者经济帮助，则一定事有蹊跷。上述案例中，男子向女友索要的经济帮助，远远超出了正常的范围。这时候，需要增强自己的警惕意识，想一想这个人是不是别有用心。

有时候，年老的人和年龄小的人谈恋爱，往往禁不住对方的软磨硬泡。久而久之，对方的胃口就会越来越大，骗房产的人也正是利用了这个心理，让对方逐渐放松警惕。最后骗取了房产。

那么，如何防止被骗呢？每个人必须对自己有准确的定位，以及比较清晰的认知。请想一想，作为大爷大妈，周围的异性对自己都反应冷淡，那些年轻貌美的女子，或者英俊潇洒的男子，怎么会倾心于你呢？此外，对于在恋爱中的花费，也必须画出一条红线。比如，当你想送给对方礼物的时候，可以把底线画在一个月的收入之内。当对方索要的礼物的价值超过了这个限度，一定要果断说“不”。

第三，骗贷款。

骗贷款在涉世未深的少男少女群体中较为常见，我在直播间也收到过不少女大学生的求助。

举个例子，有个叫多多的女大学生在学校里谈了一个男朋友，两个人的日常开销很大。男朋友就让多多申请了几张信用卡，并且以多多的名义贷款，把套现出来的钱供两个人花销。

后来，男朋友沉迷网络赌博，他又让多多开了几张信用卡，套现帮助自己还赌债。结果这些贷款完全超出了多多的承受能力，多多害怕分手之后，自己无法单独承担贷款，但却只能越陷越深。最后，银行找多多追债，她的男朋友消失了。

让女朋友开信用卡或者帮自己贷款，是骗子常用的诈骗手段。大学生虽然没有钱，但是信用记录良好。骗子往往信用崩塌，只能打着爱情的旗号找这些少男少女，让对方为他们透支自己的信用。他们开始会诱骗大学生用信用卡贷款一些小额度资金，并且准时偿还这些贷款。用这样的方法，建立两个人之间的信任。平时也会带女生出入高档的饭店、酒店，开着豪车接送女朋友，让对方产生自己很会赚钱的错觉。

两个人的信任逐渐建立起来之后，骗子就会让女生借一些大额贷款。由于女学生完全没有赚钱的能力，要还款的时候只能再和男友开新的信用卡，用新债还旧债。几轮借贷之后，女孩的欠债就会越来越多，而且根本无法独自偿还。这时，男友往往会稳住女孩，告诉她一定有办法还债。当女孩苦等无果之后，才发现男友早已经跑路了。如果信用卡的套现额度已经达到5万元以上，经过两次催告还不了款，则有可能构成信用卡诈骗罪。

避免出现类似悲剧的最好方法就是：记住，恋爱期间就让你背负债务超前消费的人，不可能是真的爱你的人，无论男女，对于诱导你超前消费的人，都要敬而远之，无论对方是以什么身份出现在你的世界里，闺密、同学、朋友、恋人都不行。

遭遇装富型骗婚，怎么办

第二种常见的骗婚类型叫作装富型，即对方装作很富有的样子，去骗取异性的信任，走向结婚。

不过这里需要说明的是，骗婚作为诈骗的一种，核心点在于虚构事实，并且让别人基于错误认识，处分自己的财产或者人身权益。骗婚包括骗取财产和骗取感情、美色。从法律角度来看，只有骗取财产的行为才有可能受到法律的制裁，承担相应的法律责任。如果骗取的是感情和美色，则基本不会承担法律责任。

曾经有个当事人小周哭着对我说，自己遭遇了骗婚。

谈恋爱的时候，男友经常开着保时捷接送她上下班，全身上下穿的都是名牌。每周都会带小周旅游，甚至开飞机、坐游艇都是稀松平常的事情。而且男友总说自己是“富二代”，父母身价至少10个亿。小周以为自己遇到了白马王子，谈了三个月的恋爱之后，马上和男友领了结婚证。

领证之后小周才知道，男友之所以能过那样“豪横”的生活，完全是靠透支信用卡支撑，他的负债已经超过300万元。男友的父母也都是农民，根本不是亿万富豪。

男友骗婚的行为，是否需要承担法律责任呢？

不需要。因为对方并没有让她基于错误认识，处分自己的财产，所以不构成诈骗罪。而她嫁给男友的根本原因在于，觉得男友家很有钱，所以愿意嫁给他。这个理由当然不能成为给男友定罪的理由，只能被认定为欺骗感情，而欺骗感情并不构成违法犯罪。他们的结婚证是具有法律效力的，而且女方结婚后还很可能要跟老公一起还债，为什么呢？因为男方只要证明婚前刷的信用卡，是用于两个人共同的生活开销，这笔债务就变成了夫妻共同债务。

所以，当我们遇到一个经济条件很好的异性，如果对方在你面前表现得很浮夸，动辄“数千万收益”“几个亿财产”，你一定要多长个心眼儿，从各个角度去观察他，验证他到底是不是如他所表现出来的样子。

最后龙飞律师还想提醒你的是，不要试图借助别人的翅膀飞上天空，越是冲着钱去结婚的人，越是容易遭遇欺骗。

遇到隐瞒病情型骗婚，如何应对

因为很多人在结婚之前没有婚检的意识，所以在司法实践中出现了很多隐瞒病情型骗婚。在这类案件中隐瞒的病情包括无性能力、精神疾病、艾滋病、遗传疾病、其他性病及传染病等。因为现在婚检不是强制性的程序，是自愿进行身体检查，有些人为了结婚，隐瞒了自己的疾病，造成了许多婚姻纠纷。

我看到过一个冒充央视记者的男孩，在被抓捕的现场是跟另外一个男人睡在一张床上，警察已经掌握了他行骗的证据，但在询问室男人主动说自己有艾滋病，警察询问他是否结婚，他说还有 15 天就结婚了（我当时看到简直头皮发麻，那个被蒙在鼓里的新娘，命运太悲惨了）。

很多家庭把传宗接代看成头等大事，即使没有正常的性能力也会瞒着对方结婚。我有位当事人小米，在结婚之前没有和男友发生过亲密关系，男友对这件事很拒绝，小米和男友没有进行婚检就结了婚。结果在结婚之后发现，丈夫完全没有性能力。家里人背着小米带丈夫去医院治疗，小米发现了医院开的药费单，才知道丈夫的病没法治愈。小米在得知真相之后，对丈夫一家的骗婚行为感到愤怒，也为自己浪费的青春惋惜。

相比于无性能力、性病而言，精神疾病和遗传疾病更加隐蔽，在骗婚案件中发生得更多。我国《民法典》中明确规定，无行为能力人结婚为无效婚姻。有精神疾病的人，并非都是无行为能力人。只有精神疾病达到一定程度，才能被认定为无行为能力人。

如果对方没有达到无行为能力人的程度，结婚之后健康一方依然需要履行夫妻帮扶义务。在这种情况下，健康一方想要离婚，就会变得难上加难。尤其是患有精神疾病一方的父母，在骗婚之前就有甩掉包袱的想法。当子女的精神疾病被伴侣发现了，也不愿重新接收自己的子女。曾经有一位当事人，向法院起诉了五次，才离婚成功，诉讼时间共十年之久。

当女方发现男方存在隐瞒病情型骗婚，一定要保存好对方的病例、双方的聊天记录，关键性谈话一定要录音，以此来证明对方婚前明知自己患有疾病，故意隐瞒欺骗。比如，对方在婚前存在精神疾病，那你在聊天时可以反复强调，他明知道自己患有精神疾病，却隐瞒病情和你结婚。具有相关内容的聊天记录和录音，可以作为法庭证据。

按照《民法典》的规定，对方婚前故意隐瞒重大疾病，你可以在发现对方从有病之日起一年内申请撤销这段婚姻(千万别犹犹豫豫拖着，过了这个时效就没机会撤销了)，还可以要求对你进行赔偿。这段婚姻一旦被法院撤销，在法律上，你就等于没有结过婚。

遭遇隐瞒已婚和婚史型骗婚，如何争取权利

隐瞒自己的婚姻状况以及婚史，都属于常见的骗婚类型。隐瞒自己已婚的事实，和其他女性谈婚论嫁或者谈恋爱，多数情况下目的是骗色。这些人明明有家室，却依然假装自己是单身，来哄骗未婚女性和自己发生性关系。

有些女性缺乏社会经验，在一些社交软件上遇到不知底细的男子，觉得两个人聊得很投缘，就去线下见面。然后两人的感情迅速升温，马上确定了男女关系。一段时间之后，走在街上时，突然遭遇一位中年女人的殴打。这才知道她所谓的单身男友，原来是有家室的人，而打人的中年女人，就是男友的妻子。

于是，女孩不但莫名其妙挨了一顿打，还受到了情感创伤。女孩在面临这些问题时，最有效的办法就是果断止损。一方面要留下能够证明你是受害者的证据。比如，让男方写下悔过书、道歉信、保证书之类的书面证据，白纸黑字写下他欺骗了你。又如，和男方对质的时候录音或者录像，多番强调，你为什么明明有老婆还口口声声骗我说你是单身。这些证据一定要妥善保管，否则，你很难证明自己是无辜的。

千万不要天真地以为男方对你才是真感情，也不要傻傻地等待他离婚，更不要做出什么出格的事情，导致自己身败名裂。

如何辨别对方是否已婚呢?

比如，一个人说自己是一位职业投资人，每天的工作不是开会就是看项目。你发现在工作时间，只要你联系他就会马上回信息，而在休息日的时候，回信息却很慢，或者根本不理你。这并不是他很上进，用休息日的时间加班，而是他在休息日一般都要待在家里陪孩子，为了避免老婆“查岗”，肯定要表现得规规矩矩。你遇到这种情况时，可以在事先不打招呼的前提下，选择在晚上八九点钟给对方打一个视频电话。如果对方把你拉黑，或者根本没人接听，则证明在这个时间段，对方可能在陪自己的老婆和孩子。

不过，对方正好在外地出差，或者和自己的妻子两地分居，用打视频电话的方式，很难验证他是否已婚。那怎么办呢？可以尝试一起打印各自的征信报告，报告上一般会显示婚姻状况和资产负债状况。如果对方拒绝一起查询征信报告，那基本可以判定，要么是已婚，要么是负债。

更简单易操作的调查方式，是两个人相处一段时间之后，主动向男友提出见一见对方的家人和朋友。如果他同意见面，就很可能处于单身状态。当他拒绝时，你要提高警惕，避免遭遇骗婚。

当然，也有一些人隐藏得比较深，甚至还会雇几个“演员”来扮演自己的亲戚和朋友，你在和他的亲戚朋友交流时，可以旁敲侧击地问一问对方的一些成长经历，比如去过哪些城市，在哪里毕业的，学了什么专业，谈过几个女朋友，以前做什么工作，单位叫什么，单位在哪里，公家单位还是私人企业，在单位里是什么职位，工作多长时间了，有没有订过婚，有没有买过房，房子在哪里等，一方面，更全面地了解对方的基本情况；另一方面，如果是“演员”，总有一些细节对不上。

未婚先孕，如何将风险降至最低

未婚先孕在现实生活中比较常见，虽然不属于骗婚行为，但是对女性的伤害很大。我之前看过一个同行写的书，里面提到过“套路孕”，什么意思呢？就是指男方在婚前为了促成双方结婚，或者希望降低对方的结婚要求，故意让女方未婚先孕，从而达到奉子成婚的目的，有的甚至还会采取偷偷戳破避孕套的小把戏来让女方怀孕。

我在直播间里听过很多女士有着类似的经历，文文未婚先孕的经历很有代表性。

文文出生在上海，家庭条件很优渥，父亲是企业家，母亲是大学教授。由于文文自己也很优秀，她的身边从来不缺乏追求者。小刚是文文的大学同学，从一座小城市来到上海读大学。他很喜欢文文，追了好久，他才和文文确定男女朋友关系。大学毕业之后，文文在家人的安排之下，进入了一家不错的公司工作，小刚则留校读研。

两个人的恋情虽然稳定，但是小刚见文文父母的时候，被要求他至少要在上海有一套房子，而且要拿出 30 万元的彩礼，才能同意他和文文结婚。这么高的条件，让小刚感到很为难。他知道自己还在读研，家庭条件也非常普通，肯定没法在上海买房，更不可能拿出 30 万元彩礼。左右为难的小刚动起了歪脑筋，在一次两人发生亲密关系的时候，小刚故意没有做安全措施，导致文文怀上了他的孩子。

文文的父母在得知女儿怀孕之后，先是非常生气，愤怒地打了小刚一顿。但是，文文觉得既然已经怀孕了，而且两个人感情不错，索性不要彩礼和房子，就这样嫁给小刚。文文的父母拗不过女儿，只能同意不要彩礼，而且倒贴了两个人一套婚房。结果小刚和文文结婚两年之后便出轨，直接导致离婚。

文文的故事并不是个例，在司法实务中，由于未婚先孕引起的纠纷比比皆是。在传统观念中，未婚先孕是一件让家族蒙羞的事情。家长看到女儿怀孕了，会想尽办法把女儿嫁出去，即使没有房子和彩礼，也会同意双方结婚。女方因为是第一次怀孕，加之自己和男友感情不错，往往容易被爱情冲昏头脑，有些女生坚持要生下孩子，加上男方的坚持，女方家长只好同意了这桩婚事，不得不奉子成婚。

实际上，奉子成婚往往会给夫妻双方的婚姻生活埋下隐患。因为他们在结婚的时候都没有做好准备，因此这桩婚事大概率是不合时宜的。突然让恋爱中的男女承担家庭和父母的责任，很难让他们在短时间之内把角色转变过来。而且，奉子结婚事出突然，不论是婚前考察还是婚后生活，都没有做任何准备，这让婚姻生活完全处于随机状态。

如何避免未婚先孕呢？好像也没有别的办法，最好的方式就是在发生亲密关系之前，一定要做好安全措施。如果不小心出现了婚前怀孕的情况，没有做好准备的姑娘，千万不要冲动结婚。

也许有人会问，在未经过男方同意的前提下，女方擅自打掉孩子难道不需要赔偿吗？这一点不用怀疑，即使没有对方同意，女方也可以自行决定孩子的去留，而且不需要给男方赔偿。因为在我国《民法典》中规定，生育权是公民的基本权利，没有人能强迫另一个人生育或者不生育。女方怀孕之后，男方不能强制女方堕胎，更不能强制女方生产，如果采取强制措施，则是侵犯女性的人身权利，属于违法犯罪行为。

生育权并不专属于女性，但是终止妊娠的权利属于女性。女性选择终止妊娠，男方无权主张赔偿。

婚后篇

时刻记住，你是独立的个体

05

情感问题：保护好彼此的爱

人人都是独立的个体——界限感和自主性很重要

这些年，我见过无数案例，感觉封建社会五千年的女性枷锁，依然还套在很多现代女性的颈上。其实，你是女儿，是妻子，是妈妈，是媳妇……但在这些身份之前，你先应该是你自己。

希望各位姑娘时刻记住，你是一个独立的个体，特别是在结婚以后。不管是娘家，还是丈夫，抑或是孩子，都不及你自己来得重要，只有你把自己的人生过好了，你身边的人才可能过好。

有一位咨询者，从小是被爷爷奶奶带大的，她 16 岁就自己到湖北打拼，受到的文化教育也不高。就是这样一个起点不高的女孩，通过自己的努力打拼，最终有房有车，年薪也有 100 多万元，好的时候有 300 多万元。她有个 1991 年出生的弟弟，他结婚特别早，现在已经有两个儿子了。

女孩给爸爸买了房子，爸爸写的却是她弟弟的名字。

她弟弟因为嫌上班太远不方便，爸妈又想让女孩给弟弟买个车子，而且父母经常以各种理由来找她要钱，如果她拒绝，父母就会说白生了她，白养她了，骂她忘恩负义。

她不仅要照顾弟弟和父母，就连她叔叔肺癌去世，几乎所有的费用也是她出的，即便如此，家里人还指责她不够孝顺。

最近她的爸爸要做一个很小的微创手术，可以走保险理赔，报销之后手术费 5000 元不到，他们却要她支付全额 1.2 万元的手术费。家里事无巨细，任何事情，就算是买一盒面膜、一张桌椅，他们都要她出钱。

如果她拒绝给他们打钱，这些所谓的家人和亲戚就会换着法子来骂她、逼迫她：想想你爸妈养你多不容易，你现在出息了，他们不靠你能靠谁。你现在这么能赚钱，从手指缝里漏出一点就够父母养老了。你弟弟有两个孩子，这两个孩子难道不是你的亲人吗？你就眼睁睁看着他们缺衣少吃吗？

我觉得这个姑娘已经对她的家人仁至义尽了，如果要说她做得不对的地方，就是她不应该让她爸妈知道她那么能挣钱。

要知道，当我们遇上索取无度的家人，你的隐忍只会让他们越发越界。你要把你遭难的事、你被骗的事、困难的事告诉他们。有的时候，家人之所以一味地想从你这儿要钱，就是因为他们觉得你挣钱太容易了。我们不能报喜不报忧，让他们误以为你的钱是大风刮来的，所以当你事业顺风顺水的时候，不要急于分享和炫耀，不要表现出挣钱很轻松的样子。对于那些经常找你索取的家人或者亲戚，有时候你甚至可以假装经济周转不好，你也可以开口问他们能不能帮你渡过难关。

特别是在非独生子女家庭里，我们常说“会哭的孩子才有奶吃”，懂事的小孩，通常都承受更多压力和责任，而且跟父母的关系不及那个会讨好父母的孩子来得好。这个世界上，并不是所有的父母都懂得如何爱孩子的，也并不是所有的父母都是称职的，甚至有些父母的所作所为，不配称为父母。

前阵子，还有一个新闻。有个 1996 年出生的女孩，一边跟男朋友创业同居，一边瞒着男朋友跟“富二代”举行盛大的订婚宴。

其实在这件事里最错的并不是那个女孩，而是她的父母，明明知道自己闺女有正牌男朋友在一起同居创业，还非得让她回来跟“富二代”相亲，并且还时时刻刻提醒女孩别穿帮，千万不要被男朋友发现，不然可就要臭名远扬了。话说父母爱子，则为之计深远，这个女孩的父母可倒好，眼睁睁地把闺女往火坑里面推。

如果不幸摊上这样唯利是图的“吸血家庭”，你越心软，就越会陷入巨大的悲哀中，家人会是你一生的牵绊。也正是为了维持好家人的关系，我们要建立起一些边界，保持适当的距离和边界感。当我们一次次纵容家人的索取，这种不平衡的关系，早就抹杀了家人之间的温情，就算你苦苦维持也无法改变。

尤其是婚后的女性，你与丈夫将组建新的家庭，如果你无法处理好和家人的关系，势必会影响你的新家的组建，再大度的丈夫也无法接纳索取无度、是非不分的娘家人。

你要靠自己的内心筑起一道城墙，抵御他们对你的情感绑架、各种勒索、各种 PUA，即便他们是你的家人。你的人生、你的家庭将来是以你为圆心，以你的老公为半径，你和你老公之间画出一个圆，这才是你的家。

自身情绪不稳定的人如何获得幸福

每一次无理取闹，都可能成为将来他离开你的那个导火索。之前有一位咨询者，她是做直播带货的，一个月收入2万元，男朋友收入5000元。未来婆婆很“奇葩”，不管是婚车购买，还是说媒的流程、婚后跟谁一起住，这些事情都要干涉。她的男朋友没什么情商，把女朋友的原话告诉妈妈，又把妈妈的难听话讲给女朋友听。我本想恭喜这位姑娘，趁早见识到这个“奇葩”的家庭，免得未来遭罪。

可是这位姑娘也不是省油的灯，即便对方提出分手了，她还提出让男方到她面前下跪认错，不然就去他和他姐的单位去闹。

这是多么可怕的性格。就好比喜欢一条裙子，如果我得不到这条裙子，我会撒泼打滚，甚至会拿出打火机来想把它烧掉。姑娘就是这样的性格。

一个人的性格，或者说情绪管理能力很大程度决定了他/她的未来。你想想这样的性格，无论你跟谁组成一个家庭，无论你跟谁成为情侣，对方都会离你而去。你没有别的路可走，你只有改变自己，将来才有可能拥有一个好的伴侣，才有可能拥有一个健康的家庭。

改变可能需要漫长的时间，如果我们意识到自己的性格存在问题，或者常常情绪失控，但依然想经营好自己的感情和婚姻，就要努力做出改变。

如果你也有上述缺点，请你从现在开始学会掩饰自己的缺陷，就算是表演，也要演成一个正常的人。

你如果能演10年，你就有10年的好日子过；如果能演20年，就有20年的好日子过；如果能演一辈子，你就成功了。你每一次想要情绪爆发的时候，每一次想要疯狂的时候，每一次想要宣泄自己情绪的时候，每一次想要歇斯底里的时候，你在你的脑子里想象一下：现在就有一个摄像机对着你，有一个监控器对着你。如果这个摄像机或者监控器可以把你现在那么疯狂、那么歇斯底里、那么可怕的嘴脸拍下来，你还会这么干吗？

你就想象着这个摄像机或者监控器会记录你的一言一行，记录你的每一滴眼泪，记录你的每一句脏话，记录你的每一次崩溃。之后，你要调整自己。

当你一直扮演好那个情绪稳定、心怀善念的角色，自然而然地，那种状态便会成为你的常态。久而久之，你就会成为你所希望的样子，成为一个别人愿意亲近、愿意与你一起生活的人。不管你跟怎样的伴侣在一起，对方都会爱护你、尊重你，因为他／她从你的身上也获得了同样的尊重与爱。

妻子缺乏共情能力，应该和她离婚吗

如果你问我在婚姻生活中，什么是最重要的能力？我会回答：共情能力。简单来说，就是让我们可以悲伤别人的悲伤，欢喜别人的欢喜的能力。

著名的心理学家卡尔·罗杰斯是这样描述共情的：共情是理解另一个人在这个世界上的经历，就好像你是那个人一般。但同时，你也时刻要记得，你和他还是不同的。你只是理解了那个人，而不是成为他。共情还意味着，让你所共情的人知道你理解了他。

在婚姻中，如果一个人没有共情能力，很可能导致这段婚姻的终结。我曾见过许多人因为缺乏共情能力，导致婚姻的解体。

小顾今年30岁，和妻子结婚三年，并且有一个2岁的女儿。两个人在一线城市生活，而且都在事业单位工作。两个人的收入差不多，一年的收入大概有30万元。两个人的经济水平让很多人羡慕，但是小顾却单方面想跟自己的妻子离婚。

小顾觉得妻子对他没什么感情，经常对他大吼大叫，对他父母的态度也不好。小顾对妻子很体贴，妻子平常喜欢吃什么就会给她做，喜欢什么东西就会给她买，对方却没有什么感情回馈于他。两人结婚之后几乎没有亲密行为，妻子总是拒绝小顾提出的亲密行为的要求。家里的家务80%都是由小顾完成，孩子也是他在照顾。他意识到这次真的要离婚了，但又陷入了纠结，因为两个人的孩子才2岁，离婚肯定会给生活带来巨大的变故。

可是一件事情的发生，让他坚定了离婚的念头。

有一次，妻子的父亲生病，需要做手术。小顾在医院忙前忙后，可是把老丈人送进手术室的前一秒钟，妻子还在玩手机，似乎对父亲的感情也不那么深刻。而且妻子对孩子也不怎么上心，表现得不是那么爱孩子。提出离婚之后，小顾和妻子谈了很多事情，妻子也认识到自己的问题，而且觉得小顾是个很好的男人。但是，谈话结束之后，妻子依然我行我素。

小顾希望找一个知冷知热的人过小日子，无法接受妻子对感情如此不敏感。他觉得，夫妻二人相处的时间长了，应该有亲情和感情方面的回应，妻子却完全没有共情，这让婚姻再也难以维持下去了。

小顾的烦恼并不是个案，李玫瑾教授讲过，有一种人没有共情能力。他／她看到别人伤心，自己不会感同身受。看到别人高兴，他／她也没什么感觉。小顾的妻子就是这种人，除非有人帮她把事情分析透彻，才会明白自己的问题。在你和对方相处的过程中，他偶尔会表现得好像懂你的悲喜。一起追感人的电视剧时，也会一起流眼泪。但是，这类人内心深处没有波澜，本性是凉薄的，看什么都很淡。如果在婚姻中不幸遇到了这类人，应该怎样应对呢？

我认为，答案要因人而异，并非一成不变，这要看当事人能不能接受这样的现实，对方一辈子可能就是这样一个凉薄的人。你可以观察对方能不能通过后天的培养，能像一个正常人一样表达情感，有正常人一样的喜怒哀乐。对方若不能学会共情的话，和这样的人过一辈子会很痛苦。

如果她的主观意愿想要改变自己当前的状态，想要弥合夫妻之间的感情，可以给对方一定的时间做出改变。而且还要让专业的心理医生干预，看看对方有没有可能是因为产后抑郁造成的。专业的心理医生参与才能找到原因，并且帮你解决问题。

婆婆总是向着老公，我心里不平衡怎么办

婆媳关系是千古难题，是家庭中最难处理的关系，这两个人既没有血亲联系，又没有感情基础，却要生活在同一个屋檐下，如果关系处理不当，则会危及夫妻关系和亲子关系，十分影响一个家庭的幸福。

有人说婆媳关系属于“历史遗留问题”，在传统社会里，婆婆和儿媳妇是一种上下级的关系，儿媳妇必须听从、服从婆婆，受了苦和委屈也只能忍气吞声，而今思想观念变了，婆婆和儿媳妇有时处在对立面。

造成婆媳矛盾的原因有很多，不过有个普遍的原因是，婆婆总是向着自己的儿子，这让很多儿媳妇感到心里不平衡。

小赵来到我的直播间，说自己实在没法忍受婆婆总是向

着自己的老公，她现在很后悔嫁到这家来，不知道该不该离婚。小赵和老公是相亲认识的，生了小孩之后在广西定居。老公的妈妈做生意，买了几套房子，并且给了夫妻二人两套房子住。老公失业在家，小赵结婚之后也一直没有上班，一直在家照顾孩子。

以前婆婆每个月给小赵夫妻3000元生活费，因为疫情生意不好做，这两年没给夫妻二人多少钱。小赵也很想融入这个家，但是她觉得婆婆很虚伪，每次吵架都是她先妥协，主动给对方台阶下，婆婆从来没有主动哄她，或者跟她道歉。有一次过母亲节，小赵请婆婆来家里吃饭。结果全程都是小赵一个人在厨房忙活，老公在一旁打游戏，婆婆目不转睛地看电视。小赵觉得特别委屈，自己一个人忙前忙后，老公和婆婆为什么这样对自己？于是，她想和老公离婚，摆脱这个家庭，然后自己带着孩子去广东打工，并且借住在闺密家。

小赵的遭遇是典型的婆媳矛盾导致的婚姻矛盾，但是小赵处理矛盾的方法显然有问题。因为小赵不挣钱，她的老公也没有收入，一家人都靠婆婆的接济生活。这种情况就要懂得尊重原则。父母不可能对不能自食其力的人有多尊敬，除非小赵自己有工作，能挣钱养活自己，这样在家里才有地位。直到小赵有经济基础了，能买得起房子开得起车，孩子上学也付得起学费，才可能有向婆婆争取尊重的权利。

以小赵现在的收入水平，如果真的和老公离婚的话，很可能面临严重的经济困难。我一直告诉我的当事者们，在做任何决断的时候，一定要先看看自己的状态，数一数自己手上有什么牌可以打。小赵即使去广东打工，又能做什么工作呢？哪家公司能让她既带孩子又工作？而且去了广东之后，找个住的地方都成问题。

小赵认为自己可以和闺密住在一起，这个问题就解决了，但是事情哪有那么简单？哪个闺密愿意一直借她房子住，每个人都有自己的难处，闺密也有自己的老公和家庭，你如果一直带着孩子借住在闺密家，那肯定会矛盾重重，闺密很可能最后也成了仇人。

要解决小赵面临的问题，必须先明白婆媳相处的底层逻辑是什么。其实，凡是和公婆有接触，就会发现公婆都会偏向自己的儿子。因为女人都知道，血亲永远会排在姻亲之前，姻亲永远无法凌驾在血亲之上。也许你会看到电视剧里面三观很正的婆婆，如果儿子犯了错误，或者儿子儿媳之间发生了争吵，婆婆会站在媳妇一边，数落自己的儿子。这种表面看上去三观很正的婆婆，底层的逻辑也是为她儿子好，根本出发点还是为了儿子能够好好地过日子。

基于这个底层逻辑，婆婆对待儿子儿媳会有两种表现：

一种是内心向着儿子，表面上帮儿媳妇；另一种就是表面上不帮儿媳妇，什么事情都向着儿子。无论婆婆表现得怎么样，她的出发点都是向着她儿子。哪怕婆婆打骂儿子，也是从儿子的利益出发。

也许有人会觉得，自己小的时候和父母吵架，爷爷奶奶都是向着母亲的，为什么自己的婆婆不能偏袒自己呢？实际上，那是你的爷爷奶奶有智慧，并不是每个公婆都有这样的智慧。我曾看过一部叫作《人世间》的电视剧，里面有一个叫郑娟的角色，嫁到一户人家当儿媳妇。每次逢年过节的时候，老公的哥哥、嫂子、姐姐、姐夫都会回到家里，都坐在炕上嗑瓜子，聊家常，只有郑娟一个人在厨房里面忙前忙后地做饭炒菜。家门外面鞭炮四起，大家欢歌笑语，只有郑娟忙忙碌碌洗碗涮盆。其实，很多人家的儿媳妇基本上都是这样的情况，当儿媳妇很少有不受委屈的。除非你一个人挣钱比他们全家都多，你负责赚钱养家，因为经济基础决定上层建筑，这种情况下你过年可以十指不沾阳春水，你夹菜他们不敢转桌子。

所以，女性在处理婆媳关系时，一定要理解和洞悉好公婆的心理和真实想法。最重要的是，成为一名经济独立的女性，才能在家庭关系中有更多的发言权。

你愿意和公婆住在一起吗

婚后要不要和公公婆婆住在一起，这也是目前困扰婚后女性的一大问题。有的女性担心与公婆住在一起会发生各种矛盾，有的则喜欢和公婆住在一起，因为可以更好地彼此照应。

小刘一直在纠结这个问题。她和男朋友已经恋爱七年，双方正在准备见家长。小刘的经济条件还可以，有一套正在还贷的房子。男朋友的家里不富裕，他提出婚后两家并一家，没有彩礼和嫁妆。组建自己的家庭之后，要生两个小孩，一个随母姓，一个随父姓。结婚后，需要和他父母住在一起，等到小刘生完小孩之后，父母再搬出去。

小刘是个非常独立的姑娘，大学毕业之后一直一个人住。她很担心和公婆住在一起会产生各种矛盾。她不知道怎样处理这个问题，于是来直播间问问我的意见。

年轻人和公婆住在一起，确实容易产生矛盾。毕竟双方的价值观、生活习惯、处事方式都不一样。要解决这个问题，最好从一开始就把规矩说明白。如果你内心深处抗拒和公婆住在一起，应该马上明确告知对方，否则别别扭扭地住在一起，等到矛盾已经产生的时候再分手就没有了意义。很多夫妻选择和公婆住在一起，是为了让公婆帮忙照顾孩子。殊不知，无法处理好自己和公婆的关系，公婆很可能在育儿的过程中帮倒忙，甚至成为夫妻离婚的导火索。

有孩子的妈妈完全可以让自己的母亲帮忙带孩子，因为女人在怀孕和生孩子的过程中，非常容易产生家庭矛盾，尤其是夫妻结婚时间不长的时候，容错率、忍耐力都非常有限。如果在生第一胎的时候，家里经常发生矛盾的话，你很可能容忍不了，认为日子就没法过了。当你经历过一次分娩和育儿，又是自己的妈妈帮忙照顾孩子，你对生活中琐事的容忍度会增加，尤其在有了小孩之后，女人的容忍度会是原来的好几倍。在这种情况下，再生二胎由公公婆婆来照顾，反而会让矛盾减少。生第一个孩子的时候，毕竟是第一次做妈妈，你会非常小心、谨慎、敏感，对育儿的要求非常高。

而由自己的亲妈来照顾你生第一胎，生第二胎的时候自己有了经验，也不那么敏感了，可以让婆婆来照顾第二胎。

凡是生过孩子的女性应该都有同感，第一回当妈妈的时候，特别敏感多疑，而且每件事情都必须亲力亲为。如果你公公有抽烟的习惯，甚至当你看到公公当着孩子面近距离呼吸都会很反感。婆婆每一次抱孩子之前，都得让她洗手，碰孩子之前你都恨不得让她戴手套。所以，第一回生孩子的时候，特别容易产生矛盾。比如，婆婆稍微不讲卫生，奶瓶没洗干净，孩子和大人的衣服没有分开，都会让你发脾气。婆媳之间在月子里结了仇，有些人一辈子都解不开。

但是，第二次生孩子的时候，你有了经验，知道孩子不小心摔两下也没事儿，照样能长大成人，你的心态就不一样了，第二胎你可以让婆婆来带。但最好让你自己的母亲来带第一胎，因为你和亲妈没有“隔夜仇”，即使亲妈达不到你的标准，说两句她也不会太在意。

总之，在你决定是否要和公婆住在一起之前，一定要想明白自己能否接受。做出了决定之后，则要提前想好策略、定好规矩，避免因为自己的产后敏感，造成家庭矛盾。

公婆的期许无法实现，怎么办

很多夫妻在结婚之前，未来的公婆都会给予很多期许。比如，他们可以帮助付婚房的首付，生了小孩之后可以帮助带孩子等。这些承诺能够兑现当然是好事，但是对方的期许没有实现，则会让人感到非常不舒服。

小鱼在结婚之后便遇到了这样的问题。

结婚之前，小鱼已经怀了丈夫的孩子，双方父母为了促成这桩婚事，达成了结婚的一些条件。当时，小鱼的公公说，他老家有一套100多万元的房子，结婚之后可以把房子交给小鱼夫妻居住。后来小鱼和老公领了证，但是公公一直没有兑现承诺。

老公在公公的公司里上班，小鱼在结婚之后工作比较自由，自己经营了一些生意，夫妻俩每年能攒下50万元左右。小鱼的老公想自己出去创业，但公司的很多业务都归他管。公公总是说，只要儿子还在公司工作，房子早晚会过户给他们。孩子马上2岁了，公公还未兑现承诺，这让小鱼很失望，加之现在的两难处境，让她不知道如何是好。

小鱼的公公可能有点不厚道，没有把答应她的事办成。但是，从夫妻两个人的收入来看，他们能每年攒下50万元，已经非常不容易了。其中有20万元是小鱼的收入，另外30万元则是她老公挣的工资收入。那么小鱼的丈夫是应该继续留在公司，等待公公兑现空头支票，还是应该自己出来创业呢?

我认为，小鱼可以自己继续出来创业，让老公继续留在公司工作。因为小鱼的老公短时间之内不能离职，否则公公公司找不到合适的人接班。

在小鱼创业的过程中，可以少和公公来往，埋头干自己的事业。在竞争比较激烈的环境下，小鱼的丈夫还能保证一年有30万元进账，确保家庭的正常运转，已经做得很好了。当小鱼独立创业之后，发现自己一点也不比老公差，完全可以覆盖家庭的开销，就可以让老公也独立出来创业。否则小鱼的老公会很疑惑：现在凭什么让我出来创业呢?我从公司出来之后能挣到现在这么多钱吗？能养家糊口吗？

创业有很大的风险，公公虽然不厚道，但他的公司能养活一家老小，家庭的正常运转要放在第一位。小鱼必须先探出路，才有资格要求老公辞职，跟着自己创业。

如果我们在生活中真的遇到像小鱼公公一样的“画饼高手”，或者“饼王”，那么应该如何应对呢？先不要和这样的人决裂，但是要保持距离。不要再轻易相信对方的承诺，尤其是比较重大的承诺。然后，做好自己的事情，尽量不要被对方影响。比如，你想自己创业，那么就去埋头苦干。当你取得一定的成绩，做的事情有说服力的时候，周围的人自然会看在眼里。

对于女性而言，自身独立并取得一定的成就，才是赢得认同的基础。即使别人给你画的饼没法实现，也要自己动手让梦想成真。

老公心里有别的女人怎么办

小红和老公恋爱五年，婚内发现老公一直特别关注一个女人，她不知道这个女人是不是老公的前女友。

因为这件事，小红心里一直都有一个疙瘩，两个人会经常因为这件事吵架。小红离职一直没找到工作，而老公是做芯片研发的，发展前景很好，事业上的差距，让她本身就很容易产生不安全感。小红无法接受老公心里有别的女人，觉得自己有精神洁癖，无法容忍这种事情发生在自己身上。她打算和老公离婚，一时拿不定主意，便来到直播间问我的意见。

以小红遇到的问题来看，没有想好要不要离婚，不要逞这个英雄，也不要赌气，更不要去领离婚证。她要弄明白老公心里装着别人的真实原因，是另有新欢了吗？如果是这个原因，也要做到知己知彼，不能稀里糊涂地把婚离了。同时，要关注一下老公最近的工作动态，如果发现老公在事业上确实很有起色，甚至已经挣到了大钱，则更不能稀里糊涂地离婚。人要学会保护自己的共同财产。

所有像小红一样的妻子，都要有妻子的自我修养。

什么是妻子的自我修养呢？就是要有自知之明，千万不要以为自己是老公心目中的白月光，千万不要以为自己是老公这一辈子离不开的那个女人。因为在每一个男人从小到大的成长过程中，他都有白衣飘飘的年代，心里也有白衣飘飘的少女。那个少女可能是中学时代的同桌，一颦一笑他都记得；可能是高中时代的班花，或者是大学时代的校花。那样的女孩在他的心里会留下一辈子的印记，他会把那样的女孩当成自己青春的念想。

这会不会影响到夫妻感情呢？不一定。因为大多数男人也是普通人，不是每个男人都能跟自己的女神结婚。作为妻子，要明白即便自己不是丈夫心目中的那个女神，也照样能把日子过好，这就是妻子的自我修养——心中不能有妄念。

什么叫妄念？就是以为自己是老公的女神，老公从小长到大等待着你的出现，这就是妄念。老公看看美女照片，刷刷以前的同学、班花、校花的朋友圈，这都是人之常情。换位思考一下，你是不是同学聚会的时候，在想当年你喜欢的那个男生会不会来？会不会长啤酒肚？是不是也关注人家朋友圈的动态？既然大家都有这样的心态，又何苦为难男人呢？

如何挽回自己的婚姻

婚姻跟恋爱最大的不同，是结婚的两个人已经交织在一起，有着更多的责任和牵绊。这时候如果对方想要分手，基本是已经深思熟虑并且长期积怨成疾的结果，问题一般比恋爱分手要严重得多。值得欣慰的是，婚姻不像恋爱分手说散就散，因为有牵绊，所以也更难分开，离婚对于双方都有很大的损失，要付出很多的代价，所以在拿离婚证之前都有“翻盘”的机会。

李姐的老公最近向她提出了离婚，并且对李姐说，如果不离就走法律程序。

是什么原因，让李姐的丈夫如此决绝呢？

李姐的娘家有一个小加工厂，老公就是不愿意接手。这两年夫妻俩一起出来做生意，总共亏了十几万元，都是由娘家出钱还的。这几年，孩子一直是李姐自己带，还要管厂里的事情。平时压力很大，经常对老公发脾气。老公受不了李姐总是对他呼来喝去，似乎从来没把自己当成自家人，于是提出了离婚。

李姐不想离婚，她对老公的感情还是很深的，而且她也要给孩子一个完整的家。她一时不知该怎么办，只能来到我的直播间求助。

婚姻是两个人的事情，婚姻出现问题一定是双方都要检讨自己的言行，可能是你做的事情让对方压抑了许久，也可能是你说过的话让对方伤了自尊。“刀子嘴”的女人太多，她们或许是“豆腐心”，但是这样的表达方式，会让男人面子挂不住，长期下来就会积怨成疾。很多女人出于惯性使然，在挽回自己老公的时候，也不会考虑对方的感受，依然用过往的方式表达自己的想法。这无异于火上浇油，让本来还有转机的婚姻彻底走入僵局。

要挽回婚姻，李姐应该想想这些年来，老公对家庭最大的贡献是什么。她觉得老公这些年只是在店里帮忙，看不出他有什么价值。其实这就是夫妻矛盾的根源。李姐对老公缺乏认可，缺乏正面的评价和反馈。老公看似只是在店里帮忙，但是他付出了劳动，而且给家里的生意帮了大忙。

一个人想要辞职，要么是在钱上受委屈了，要么是在情感上受委屈了。其实婚姻上也是如此，李姐的老公提出离婚，原因就是在情感上受委屈了，他的付出没有被妻子看到。

所以，不要总是觉得，工厂是我爸妈给我投资的，把老公当成一个“店小二”，这会让他的心里非常受伤。既然工厂是夫妻店，老公自然也是店里的主人，他需要被妻子发自内心地认可。

老公提出离婚，也是被对方的言行所激怒导致的。在失去理智、情绪失控的情况下，重要的是马上冷静下来，给彼此一个平息负面情绪的时间。这段时间，不要再继续彼此伤害，可以搬到朋友家、亲人家，减少见面接触的机会。然后利用这段时间让自己好好思考婚姻，审视彼此身上的问题。这个对于挽回之后如何走下去很重要。

婚姻出现问题，妻子也要审视一下，老公变成如今的样子，自己是否有做得不好的地方。这个问题厘清以后，才能真正为挽回做出正面的努力。李姐可以向老公道歉，并且让老公给自己一点时间，看她能不能够改正，起码为了孩子，也要给她一年时间。

有了前阶段的深思熟虑，也看清了自己的问题，下面要想想你老公爱你的哪方面，喜欢你的什么优点，讨厌你的什么缺点，并且去尝试改变。

比如，自己的优点是贤惠持家，做饭非常好吃；缺点是不停唠叨，那么之后应该继续发扬优势，可以给老公送去自己亲手做的午饭，让他品尝到熟悉的家常菜，继而想到你的优点。如果以前对外貌的管理不到位，可以把自己打扮得更美。男人会留恋女人的优点，你尝试改变自身的缺点，他或许会感动和心软。

婚姻问题最终还要靠自己，想要挽回一段婚姻，夫妻之间的沟通很重要。可以把自己的检讨和问题都开诚布公地谈一谈，让对方知道你一直在为了婚姻改变自己。同时，合理化自己的言行，用示弱代替一味的逞强，可激起对方的怜爱和心疼。

在一起生活了很久的夫妻，即使有了厌倦、疲乏和逃离之心，也会从大局考虑，慎重对待是否离婚的决定。毕竟，婚姻牵扯到两家人的生活，以及自己未来的幸福。只要对方愿意接受你的改变，挽回婚姻就存在可能。

遇到糟糕的婚姻，赶紧逃

很多人都害怕离婚，特别是女性，在不少人的观念里，离过婚的女人都是人生的失败者，是不受待见的。

我跟大家说，千万别这样想，如果你身处在一个让你痛不欲生，让你的孩子每天心惊胆战的婚姻中，请你务必赶紧脱身，为了自己，也为了孩子。

不要心存侥幸，遇到糟糕的人，能走就走

有一位咨询者是2015年结婚的，未婚先孕，怀的是双胞胎，舍不得不要，于是就仓促结婚了。怀孕的时候，那个

丈夫就犯了事，孩子半岁时进了 11 个月的看守所。

男人出来后，一直威胁她，如果女人跟他离婚就死给她看，于是男人换着法子地闹自杀，有一次喝了农药，还有一次，晚上十二点从楼上跳下去，摔成粉碎性骨折。这位咨询者在医院照顾了他一个多月。

最可怕的，是这个男人从来都不消停，后来又说要卖房子给自己做生意，然后又把卖房子的钱输光了。这位咨询者觉得没有任何希望就回娘家去了，结果男人每天骚扰她，在各种平台上的欠款都没有还上，后来男人还犯盗窃罪被判了 6 年。

这位咨询者以为分居两年能自动离婚，于是决定分居。这里请大家记住，目前法律上不存在自动离婚的概念。离婚只有两条路：第一条路，你和他一起去民政局领离婚证；第二条路，你去法院告他，拿离婚判决书或者离婚调解书，只有这两条路。

我想要跟这位咨询者分析一下，她为何会走进这样的困境。

首先，她谈恋爱的时候太年轻，没有经验。

其次，没有领结婚证，贸然怀孕。

再次，没有经济基础，没有认清楚这个男人之前，贸然地生孩子。因为即便是怀了双胞胎，你没有这个经济实力，没有认清这个男人的真面目之前，也不该把孩子生下来。

最后，当他第一次威胁她的时候，她就不应该妥协。结果就是，男人一次一次地威胁她。男人说要去死，只要她不说“你去死吧”，那么在法律上她就没有责任。她选择一次又一次地妥协，继续再回到这样一个烂轨道，回到这样一个糟糕的生活里。

亲爱的读者，如果你也和这位咨询者一样，不幸摊上一个烂摊子，千万别去想自己付出了多少，被沉没成本困住了。一定要勇敢逃离，未来的你也一定会感谢那个当年勇敢的自己，否则你就会困在这个坑里，白白虚耗你人生最美好的10年、20年，甚至更久。

警惕逻辑“鬼才”

还有一种糟糕的婚姻模式，我在咨询中遇到过很多次。我把这种模式总结为一句话：伴侣出轨了，我却要道歉。

为什么会有这样荒谬的婚姻模式呢？通常情况下，是因为案主遇到了逻辑“鬼才”。

什么样的逻辑“鬼才”呢？

比如我们常常见到的例子，一个男人在外面有了女人，被发现了，反而指责妻子说，你怎么不反思一下你自己？你看你像个黄脸婆一样，除了我谁要你？即使不是我，换个男的跟你过日子，也会出轨。

还有，你怎么不反思一下你自己？每天回来你都耷拉着脸，孩子也教育不好。你有给过我温暖吗？你有给过我开心吗？

再有，你为什么要查我的电话？你不查不就不知道吗？你不知道，你就不会难过。你不知道，这家就不会鸡飞狗跳，家就不会散。就是因为你查我的电话，查我的消息，这个家被你查散了。

这样表达的，都是逻辑“鬼才”。

再举个例子，就好像某人在背后捅了你一刀，你回过头看到了他的脸，他就会骂你：你为什么要回头？你不回头，你就不知道是我捅的，你不知道是我捅的你，你不就不难受了吗？

如果你身边有这样的逻辑“鬼才”，我劝你早点跑。

以上，就是我对各位读者的婚后建议。

一是你要保持与原生家庭的边界感，不要愚孝，要把精力放在自己和新家上，好好地跟你的伴侣去经营自己的家庭。

二是一定要保持自己的好状态，不断地投资自己，让自己有不败时光的闪光点。

三是如果不幸遇到不好的丈夫和不好的婆家，权衡了利弊后，请你趁早脱身，为自己的余生留点可能性。

四是如果是老公对不起你，比如背叛了婚姻，你千万不要被他狡猾的逻辑所捆绑，记住，这并不是你的错。

多说一声感谢，也许大部分问题都能解决了

先给大家讲一个案例。

女士和老公是同事，结婚 6 年，有一个 3 岁的女儿，但女士认为自己过得不开心，觉得现在这个老公不是她想要的，他也给不了她想要的生活。

我让她具体描述一下什么叫“给不了她想要的生活”。她说感受不到老公爱她，但她自己却挺爱老公的。她全职带娃 2 年后出来工作，也遇到了一些追求者，她觉得自己魅力仍在，家里老公再好也比不上追求者的浪漫和示好，因此萌生了离婚的念头。

我想跟所有的已婚女性说明一个道理：你知道在男人的

世界里面，他们认为什么样的女人最好追吗？有男朋友的、有老公的女人，是最好追的。

这是不是很颠覆你的认知？

为什么有些男人会追求一个已婚女性呢？他们的不道德行为真的是源于你魅力无穷吗？你有没有想过，也许是因为他们追你这样的女人，只要比你的爱人做得稍微好一点点，他就有机会。一些男人在追你的时候，明知你现在是别人的老婆，或你现在是别人的女朋友，但他没有成本。他稍微夸你漂亮，夸你皮肤真好，你可能很容易就会被打动，但这些轻飘飘的赞美之词需要付出多少成本呢？没有成本。

你记住，外面的男人在追你的时候，在向你释放好感的时候，都是低成本的试探。你真让他动真格的，让他准备好娶你，给你买房、买车，给你钱，和你过日子试试。

但你的老公呢？他是真的在和你一起过日子，他会为你的家庭付出，会买房、买车，会给你钱。我希望所有的已婚女性都认真琢磨一下这个逻辑。你可以心动，你可以享受那种被人家恭维、被人家追求、被人家“拍马屁”的感觉，尽管我很难劝你控制住这种感觉。别动不动就以为外面的男人比你老公好，我告诉你，那都是假象。

不要被老公忽略一两天，就想着要离婚。哪个丈夫都不会一天到晚宠着妻子，围着妻子转。除一些原则性的问题以外，我们更多要想的是在不离婚的前提下，能不能把日子过得有声有色。当两口子感情淡了，如何升温呢？怎么才能改善夫妻之间的沟通呢？

我给你们讲一个故事。一个世界顶级的、全世界闻名的唱高音花腔的歌唱家，每一次上台之前，他都会害怕、紧张，怕表现不好，特别是唱着唱着有人陆陆续续离场了，那他那一场就一定会唱砸。

后来他就想，我到底应该怎么改变这个局面呢？我到底应该怎么能做到每次发挥都好呢？他想了一个特别好的办法。他每一次在上台之前，都在内心深处，发自肺腑地去感谢那些千里迢迢跑来听他唱歌的人。能来就是给他面子，能来他就得发自内心地去感谢人家。所以他每次上台唱歌前，都是深鞠躬。观众马上就会给他热情的掌声和回馈，然后他每天都能表现得很好。

这个故事说明什么道理？

你先发自内心地感谢你的老公，先发自内心地想办法，从你老公身上找优点，找到你喜欢的东西，找到你觉得比起别的女人你更幸福的点。然后你发自内心地感谢，才会有良好的反馈和互动，才会形成一个良性循环。

目前，大部分的女性为家庭付出了太多，我们理应得到丈夫的一声感谢。

但是偶尔我也会反过来讲：丈夫难道就不值得被妻子感谢吗？

如果我问你：结婚这么多年，你有没有过一次认真地跟老公说句感谢、感恩？如果这么多年你一次都没有感谢过对方，那么这段婚姻走到今天，会不会存在着很大的隐患呢？

我这么问，肯定有人骂我：感谢什么呀？他有哪一点值得我感谢？有哪一点能让我感谢呢？孩子他管过吗？换过一回尿不湿吗？去过一次家长会吗？家里他关心过吗？连菜市场门朝哪儿开他都不知道，燃气费都不知道在哪里交。家里家外全是我一个人忙活，我凭什么感谢他呀？

请看看我说的以下几点，是不是你应该感谢老公的原因。

第一，从大数据看，男人赚钱多还是女人赚钱多？

目前来说，大部分家庭确实是男人赚钱多。可为什么所有的商家都盯着女人的钱包呢？卖化妆品的、卖衣服的、卖吃的喝的的厂家都盯着女人的口袋？因为大数据告诉他们，女人花钱多。不信你打开家里的衣柜，数一数你老公一共几件衣服，你有几件衣服？那么，女人花的钱从哪里来？在很多家庭中，确实是来自老公的收入。如果你家也是如此，那么凭这一点，你不应该和你的老公说声谢谢吗？

有的女人会说，那不是他应该做的吗？哪个男的不养家？这就好比你怀孕吐得昏天黑地，你老公说“那不是正常现象吗？哪个女的不生孩子呀？”

你说他无法了解你生孩子、带孩子的痛苦和心酸，可你又何曾体会过他在外面见到客户就得低声下气，见到甲方必须点头哈腰，有着同事和部门都不敢得罪的那种委屈呢？你以为在这个社会上闯荡，为了挣那碎银几两是那么容易的事吗？

第二，如果你家男人这么一无是处，当初为什么选他？

既然你当初心甘情愿嫁给他，就表示他身上有你看中的东西。要么收入稳定，要么家境殷实，要么脾气好，要么高大威猛，要么有幽默感，能让你开心，哪点不值得感谢呢？

第三，我不相信一个男人在一年 365 天，每天都没有一点点值得你感谢的表现。哪怕对方只是顺手扔了垃圾，哪怕他只是接送你上下班，哪怕他只是给你打包了一份羊肉串，哪怕他只是给你爸妈送了一桶油，这些举动难道不值得感谢吗？

第四，就算对方没有做任何让你感动的事情，仅凭他愿意把自己挣回来的工资花到你和孩子身上，你不觉得这很值得感谢吗？

第五，想要一个男人心甘情愿对你好，就得学会不断发现他的好，像一个侦探一样去挖掘对方的优点，并且在相处的过程中不断放大他的优点。

从今天开始，所有的女性朋友，只要你的丈夫没有做出什么违反底线的事情，只要他不是我在前文说的有品行缺陷的人，那么请试着发自内心地找到一些值得你感谢他的地方，然后真诚地表达出来。

如果想要这个家圆圆满满，就必须学会感谢对方。

反过来讲，如果你冥思苦想，完全找不到一点值得感谢的地方，要么就是你要求太高，要么对方全无优点。这种情况最好赶紧收拾东西，离开这个家，不要耽误自己一生的幸福。

06

财产问题：
厘清财产，才能更好地相处

在婚姻中，保护自己的基本原则

女性应该如何保护自己呢？

我认为，至少应该做到以下三点：

一、对任何人都要保有一份戒心。

这份戒心是什么意思呢？就是不要轻易告诉他人，你的创收能力、你的存款、你从父母那里可以得到的遗产、你的房产等财产状态，不要一谈恋爱就让对方摸到你的底细。

这并不是让你做一个城府深的人，而是要做一个善良的明白人。保护好自己的隐私，不会被别有用心的人利用。

你们千万不要觉得我是在危言耸听。现实中很多血淋淋的事件都在警醒着我们。比如发生在泰国那起一名中国孕妇被丈夫推下悬崖的事件。当有一天你不懂得识别人心的恶，不懂得保护自己的财产和隐私，被那些坏人利用，到最后即便是事情水落石出，真相大白，失去的也回不来了。后悔也没用。

坠崖的那位孕妇直到今天还在做身体的康复训练，甚至还在打官司维权。她原本是身价千万元的企业老板，却因为身体受伤和外部因素，不得不开始尝试带货。

这位孕妇是据我所知众多杀妻案中极少数奇迹般幸存下来的女人，她的存在本身就是一本教科书，警醒着所有的女人要保持头脑清醒，不要“恋爱脑”。她活得越好，事业越好，越有知名度，越有影响力，就越能帮助更多的女人清醒地认识身边的人是否是合适的对象，是否人品过关，是否会威胁到自己。从这个角度来说，她或许能够挽救更多无辜女性的生命。所以我祝福她无论做什么都能做得越来越好，我也相信一个经历过生死的人，在面对利益的时候，与普通人相比更能够守得住做人的底线。这些在黑暗中挣脱的人，总是更明白光明的意义。

有的网友质疑她，认为她在消费网友的同情心。其实，人在遭遇了悲惨的经历后，说出来，有的人会同情你，有的人会反感你。或许我们无法改变这种事实，但如果我们不想成为受害者，就一定要保护好自己的隐私，保护好自己的财产信息。越少的人知道你有钱，你就越安全。

二、不要给任何人签担保，不做连带责任人。

哪怕你爱对方爱得要死，也不要将自己的身家和另一个人绑死在一起。即便是恩爱夫妻，也要做理性的伴侣。

理性的伴侣是什么意思啊？鸡蛋不要放在一个篮子里，两口子不要绑在一条随时可能被海浪吞没的船上。我知道这么说很多人接受不了，觉得既然是夫妻，那就是一体，夫妻就应该同生共死，就应该共赴艰难，就应该绑在一条船上，就应该一起面对困难，就应该一起破产，一起吃窝窝头，一起被房东赶出来，一起上黑名单。我不敢说这样的想法是错的，或许像我这样，以特殊的身份和视角，看到很多特别极端的案例，才会更理性地来看待夫妻之间的关系。

我有一位客户，是一个小学老师，年收入五六万元。她跟老公一起在北京生活，有一个 8 岁的女儿。老公在外面做生意，欠了 3000 多万元，每次去银行贷款，或者向亲戚朋友借钱，老婆都义无反顾地去签字，这意味着她对这些欠款有着连带责任。

正如老百姓最朴素的想法：嫁鸡随鸡，嫁狗随狗，老公干事业，老婆哪能拖后腿呢？

结果老公跑路了。

所有的债权人都来找这位妻子，最后法院判决的结果是，她作为签了连带责任的人，就得还债。

一个一年只能挣五六万元的老师，要还3000多万元的债，她要还到什么时候才能还清呢？她以后的日子该怎么过呢？一条内裤得穿4年，一双袜子要穿5年。孩子从来没有买过新衣服，身上所穿都是邻居、亲戚送给她们的旧衣服。

电视剧《加油！妈妈》里面，伊莎贝拉的爸爸把所有公司的法人都放到老婆名下，每次要签字都让老婆签，如果不是伊莎贝拉的外公外婆家底雄厚，你能想象伊莎贝拉和她妈妈以后要过什么样的日子吗？

讲到这里或许有人会跟我抬杠：也有企业家的妻子，在丈夫欠债的时候不离不弃，愿意去给他签连带责任、签担保，后来企业家翻身了。像这样的老婆，在丈夫心中的地位谁能取代呢？如果你在他困难的时候不愿意给他签连带责任、签担保，那么他有一天翻身了，有一天发达了，他又怎么可能专一地对待你呢？

你说的有一定的道理，但是我想反问一句：你真的愿意去赌这个概率吗？如果一个丈夫，妻子不给他签连带责任，他就恼羞成怒，这样的人值得信任吗？值得付出自己的信誉吗？

我们就是要反复强调理性决策的价值，要分散风险。毕竟两口子成了家，有老人有孩子，不能两个壮劳力到最后都深陷泥潭吧。如果两口子之间不签连带责任，最起码还能留下一个壮劳力，可以继续养活孩子，养活老人。

这么说，你是不是更容易理解和接受呢？

三、不要轻易借父母、亲戚的钱给男人做高风险的创业资金，或者其他风险大的事业资金，不管你有多爱对方。

有位女士，她离异带着一个小男孩，现在有一个男朋友，是个不知名的画师，三十五六岁了，没结过婚，没房没车没存款，目前每个月的收入也不是很稳定，很多时候都是靠这位女士的工资在生活。

她问我，要不要从爸妈那儿借点钱支持男朋友自己开工作室创业？

我向来不支持女人在不经过任何风险评估的情况下，从爸妈那里借钱来支持男人开公司创业。一方面是创业公司平均寿命超不过三年，一旦失败了，男人往往无法面对你，更无法面对你的父母，所以很多人只能选择逃离，甚至是抛弃你。而你又会觉得自己已经付出了那么多，已经砸进去那么多——包括时间、金钱，还有青春，往往不舍得放手，总在纠结、痛苦，你的日子将进退两难。

我甚至还见过有人借父母的钱给丈夫炒股的，结果赔得倾家荡产，父母的养老钱都亏掉了。做这种不确定性极高的投资，为何要拉着父母一起为他担风险呢？

咱们退一步说，假设丈夫创业或者投资成功了，你真的会苦尽甘来吗？无数案例用事实证明，大部分夫妻只能熬过共苦，却不能一起同甘，你准备好承受这样的结果了吗？

另一方面，男人在低谷期往往无法选择自己的毕生所爱，有时候只能找一个自己不那么喜欢的女孩。

看过电影《那些年我们一起追过的女孩》吗？现实生活中也是这样，一个班里，20 个男生中恨不得有 18 个都喜欢同一个姑娘，就是班上最漂亮的那个“沈佳宜”。

也许每个男人心中都有一个沈佳宜，但在低谷期，他们往往只能退而求其次，娶其他的女人。如果有一天，他变成亿万富翁，你能笃定他会从一而终吗？

这是一个值得思考的问题。

当然，如果你非要陪着一个一事无成的男人一起进行极高风险的创业或者投资，没人拦着你，但你不要把家里人的财产拿来赌。

做到这三点，不管你结婚与否，都能降低一定的婚恋风险。

另外，也不要拒绝谈利益，羞于谈利益。人只有把这些利益捋顺，思考清楚，双方的感情才会更纯粹。

读大学期间我看过一部美剧，叫《绝望的主妇》，里面有一个角色叫 Gaby。她是一个女模特，是一个特别爱钱、特别注重自我感受、特别清楚知道自己想要什么、特别勇于表达、特别善于提要求和提条件的女人，在这部剧的所有女性角色中，我最喜欢的就是她。越是敢于谈利益，敢于谈欲望，敢于谈价值交换，到最后反而越是敢于承担责任（在丈夫失明、破产，自己意外怀孕的情况下依然不离不弃，支撑着整个家庭）。

区分夫妻共同债务的六个维度

哪些是夫妻共同债务？这个问题对于婚姻颇为重要。但是，很少有人能把这个问题说清楚。老公欠的债，老婆要不要还？债务属于个人债务，还是夫妻共同债务？

这里我们必须先把“共意”和“共享”两个概念说明白。“共意”就是借钱这事是你们两口子共同的意思，只要借钱是两口子共同的意思，那就得共同来承担债务，不管钱最后花到哪里去了，不管你有没有沾手这个钱，哪怕你一分都没花，那也得一起来偿还。

“共意”有哪些表现呢？比如他去银行贷款，你跟着去签字；比如他从亲戚那里借钱，你去签字担保；比如他去朋友那里借钱，让朋友打到你的卡里，你也同意，这些都算是夫妻共同借钱的意思。

“共享”是什么意思呢？就是他借钱这事，你虽然不知道也没同意过，但是，你实实在在跟着一起享受了借钱带来的好处，既然享受了好处，那基于法律的公平原则，就得跟着一起承担还款的责任。

比如他背着你去银行贷款，用来买房，房子登记在你们夫妻名下。虽然这笔贷款是他一个人瞒着你去操作的，你不知道有这么回事，但是银行这个债务也算是夫妻共同债务，你也得跟着他一起偿还，因为房子登记在你们两口子名下，你享受了贷款所转化的利益，这就是“共享”。

“共意”和“共享”这两个条件，只要满足其中一个条件，就是夫妻共同债务，需要两口子一起偿还，这是基本原则。

具体到生活中，要得到问题的准确答案，我们必须从六个角度入手。

第一，债务人在什么时候欠的债？

从这个角度判断债务是否为夫妻共同债务，关键点是区分债务是领取结婚证之前还是之后欠下的。按照法律规定，债务人在领取结婚证之前欠下的债，一般都不是夫妻共同债务，夫妻一方没有义务替另一方还债。

在现实生活中，虽然你不用替对方还债，但如果对方挣的钱都拿去还婚前欠下的债务，那么你挣的钱就只能用于共同生活、养育子女。你就基本上攒不下什么存款，这么看来，即使你没有代替对方还债的义务，实际上还是一起分担了债务。

另外，如果婚前负债用于婚后的夫妻生活，比如丈夫借债给妻子买房，房子登记在双方名下，这种情况妻子要不要替丈夫还婚前借款所欠下的债呢？按照法律规定，即便是婚前欠债，但这个钱实际上用于夫妻共同生活，双方都受益了，那么这个债务就会变成夫妻共同债务，必须夫妻双方一起偿还。反过来，其中一方领结婚证之前欠下的债，只要没有用于夫妻双方的生活，夫妻双方没有一起受益，那么另一方就没有义务一起还债。

第二，债务人欠债的类型。

举个例子，如果丈夫违法欠了3000元，法官允许债主去找他的妻子要债，这是不是有点荒唐？

从这件事情中我们得出来一个结论：夫妻一方从事违法犯罪活动造成的债务，另一方不用偿还，包括吸毒、嫖娼、赌博等涉嫌违法犯罪的活动欠下的债。有些男人天天泡在赌场里，他借的那些债，妻子都不用还。甚至按照法律规定，丈夫自己欠的赌债他本人都不用还，因为赌博产生的债务不受法律保护。比如一个人在赌桌上输了 5 万元，当时没有支付给对方，说过几天给，但一直没给对方，如果对方想要通过法院打官司要回这 5 万元，法院不可能支持这个诉讼请求。作为债务人的配偶，更应该理直气壮地拒绝替自己丈夫还这个赌债。

但是，不用还的赌债指的是丈夫在赌桌上欠张三的钱，如果丈夫向家里的亲戚以做生意或者其他理由借钱出去赌博，或者将银行贷款拿去赌博则另当别论。比如丈夫打牌输了欠对手 3000 元这叫赌债，不用还（丈夫本人不用还，妻子就更不用还了）。

丈夫将银行贷款用于赌博，妻子要不要替丈夫还？对于这个问题，最终还要看法庭上能否证明丈夫的银行贷款是否都用于赌债，没有用于家庭生活。如果能证明，则妻子不用替丈夫还银行的债。

第三，债务的额度。

贷款金额是两三万元的（属于日常生活所需的范畴），需要由妻子证明这些钱没有用于家庭生活，妻子才可以从这些债务中脱身。贷款金额是 30 万元、50 万元的（超过了家庭的日常生活开销），则应该由银行或者其他债权人证明钱的用途。法律规定超出家庭日常生活所需的债务，配偶是不用替丈夫还债的，除非债主拿出证据，证明这笔钱借给丈夫用于装修房子、买车子、子女上学、做生意等，因为这些用途都属于两口子的正常开销，这时配偶才要跟丈夫一起承担债务。反过来讲，如果银行、债权人无法证明贷款用于夫妻共同生活或者共同经营，夫妻一方则不用替配偶偿还债务。

金额是否超过日常生活所需，各地经济水平不同，法院的法官掌握标准也不尽相同。

第四，债务的用途。

对于债务用途的证明，要以债务额度为标准，区分该由谁证明借款用途。债务额度少于 5 万元的叫作家庭日常开支，这种情况下需要当事人自己证明钱的用途。如果借款没有用于家用，夫妻一方不用替另一方还债。债务超出了家庭日常生活的开支范围，则由债权人证明钱的用途。当债务的用途被确定没有用于家庭生活或者共同经营，则夫妻一方不需要替对方还债。

第五，夫妻一方欠债，有没有在共同还款协议上签字？

只要你签了共同还款的相关协议，就必须替你的丈夫还债。哪怕这笔钱被丈夫用来花天酒地，你一旦签字，就没有后悔药。签字的那一刻，即便只是出于想要维护夫妻关系的目的，或者压根儿没看明白协议的条款，也不影响签字的法律效果。

第六，你是否承诺一起还债。

债务人借钱时，夫妻一方不知道借债的事情，事后债主找上门，你有没有答应过要一起还？一旦你答应债主，自己要和配偶一起还债，那么这笔债务就会变成夫妻共同债务。

最后补充一点，丈夫给第三人提供担保，欠下的债务是否属于夫妻共同债务？

丈夫给别人提供担保和自己的生意营生没有关系，只是为了帮朋友的忙做担保人，此时欠债让妻子来承担，是不公平的。法律规定，夫妻一方为第三人提供担保，债务与夫妻的生产生活无关，担保债务属于个人债务，由个人财产偿还，不属于夫妻共同债务。

相反，担保的债务和家庭生产生活有关系，比如自家的公司要向银行贷款，丈夫作为公司股东成为担保人，则丈夫因为担保所欠债务属于夫妻共同债务。

夫妻共同债务的典型案例

典型案例还是关于夫妻共同债务的认定问题。

案例中，女婿在婚姻关系存续期间，向他的丈母娘借了100万元，后来女儿到法院起诉要求离婚。经过两次诉讼，最终女儿和女婿离婚了。但是，离婚的时候没有提到这100万元怎么处理，这对小夫妻刚刚办完离婚，前丈母娘就把前女婿告上了法庭。她认为，当初借给女婿100万元属于借款，现在你们已经离婚了，这100万元应当还给自己。

但是女婿认为，当初借钱的时候双方还没离婚，依然是夫妻关系，这笔借款应当是夫妻共同债务，你的女儿也该还一半。

这时候女儿主张，这100万元借款根本就没有用于家庭日常生活，而且明显超出家庭日常生活所需的额度。女儿主张，这 100 万元女婿自己赌博输光了，但是又没能列举出证据。

女婿这 100 万元债务的用途，看上去好像是认定夫妻共同债务的关键。其实，本案的关键，在于当初女婿向丈母娘借的这 100 万元，女儿知不知情？是否同意？只要女婿借的这 100 万元，女儿是知情的、同意的，无论钱用到哪里，都应该被认定为夫妻共同债务。因为认定夫妻共同债务，不需要“共意”（共同意思）和“共享”（共同受益）并列存在，只要有一个成立，就是共同债务。

换言之，只要当初女儿知道自己的老公向妈妈借了钱，并且妈妈已经同意了。或者明知有这笔借款，但妈妈没有表示过反对，那么这笔债务应当被认定为夫妻共同债务。

还有一种情况，女儿不知道母亲把 100 万元借给了自己的老公。但依常识来判断，女婿瞒着自己妻子向丈母娘成功借款 100 万元的可能性比较小。加之她在起诉离婚的时候，曾经提交过关于这 100 万元的借条，这证明她知道借款的事情。而且借条的抬头和落款的日期，是女儿亲自书写的。那么结合这几点证据，可以得出一个结论，女儿对妈妈把 100 万元借给自己老公这件事情，知情并且同意。因此，这 100 万元债务属于夫妻共同债务，应当由夫妻共同偿还，哪怕是离了婚，也离不了债。

全职太太保护财产权利的三个方法

我曾经遇到过一位当事人，结婚之前是一家公关公司的高管。

27 岁那年遇到了生命中的“真命天子”，谈了一个多月的恋爱就结婚了，并且有了自己的小孩。为了方便照顾孩子，这位当事人辞去了原来的工作，当起了全职太太，专心在家相夫教子。

不幸的是两个人没能熬过“七年之痒”，丈夫出轨了自己的下属。女方不想委曲求全，选择和自己的老公诉讼离婚。本以为法官会将夫妻财产的一半分给自己，不承想丈夫已经把自己的资产和收入，全都放在了信托基金名下，这位全职太太在离婚之后，一分钱也没有拿到。由于长时间脱离社会，加上年龄超过了35岁，她很难再找到一份满意的工作。

这位当事人找到我之后，向我哭诉着自己的遭遇。

等她情绪平复之后，我问："你在决定做全职太太之前，有没有和你老公签财产协议？"

她摇了摇头说："协议不是婚前才能签吗？难道夫妻之间也能签财产协议？"

许多全职太太和我的这位当事人有着相同的遭遇，她们往往在婚姻中没有自我保护的意识。自己为家庭几乎付出了全部，最后落得人财两空的凄惨境地。

法律并没有赋予全职太太特别大的保护，所以太太们更要懂得保护自己，做到未雨绸缪。在家庭关系和睦的时候，要懂得给自己和孩子留足后路。

那么，全职太太怎么去保护自己？

方法包括以下几种：

第一，留意家里面的财产状况。

老公一年到底能挣多少，名下到底有多少资产，都要摸清底细。

第二，合理分配财产。

家里面的财产做登记的时候，最好把财产权益平均分配，有些资产登记在老公名下，有些则要登记在太太名下，投资也以太太的名义去做。这样不至于出现全职太太离婚的时候，老公开的公司名字和地址都不知道的情况。这样的女性很难得到真正的保护和帮助。

第三，学会利用金融工具建立被动收入。

比如，全职太太可以给自己准备年金、养老金，给孩子准备教育金。如果能够在结婚之初建立这样的意识。每年积累一点，那么万一夫妻之间真的出现矛盾，也不至于离了没有生存依托。

为什么要签夫妻财产约定书

全职太太保护财产权益的另一个重要方法，就是跟配偶签夫妻财产约定书，夫妻财产约定书有独特的魅力和非常强大的效力。夫妻财产约定书签字即生效，与离婚协议书不同，离婚协议书以离婚为前提，必须是夫妻去民政局领了离婚证，签的离婚协议书才生效。只要两口子不去领离婚证，离婚协议书等于没有签。如果对方后悔，则不会按照离婚协议书的约定执行。所以，夫妻财产约定书对于全职太太，是非常强有力的保护武器。

夫妻财产只能约定两个方向的内容：

第一个方向，把个人婚前的财产约定成夫妻的共同财产；

第二个方向，把夫妻的共同财产约定成各自的财产。

比如，你婚前买了一套房子，登记在你个人的名下，只要你愿意变更，就可以把房子约定成夫妻共同的财产。或者结婚期间，你和老公一起攒了10万元，这笔钱应当是夫妻的共同财产。但法律允许你把这10万元的共同财产，约定为夫妻各自拥有5万元，作为各自的财产。也可以把这10万元约定为只归一方所有的财产。你也可以把夫妻的一部分财产约定成夫妻共同的财产，另一部分约定成各自的财产。

签订夫妻财产约定书要避免一个误区，不要以为把男方婚前的财产约定成女方自己的财产，就是夫妻财产约定，这个行为本质上是赠予，是把男方婚前的个人财产赠予女方。这种约定为什么还不是夫妻财产约定呢？因为按照法律规定，夫妻可以约定婚姻关系存续期间所得的财产以及婚前财产，归夫妻共同所有或者部分各自所有、部分共同所有。从来都没有规定可以把一方的婚前财产，约定为另一方所有。

夫妻财产约定书只能做到把婚前的财产约定为共同所有，或者约定为各自所有，不能把男人的婚前财产约定为女人单独所有（想达到这个效果必须是办赠予公证，或者是直接办赠予过户）。

很多人可能觉得这个规定很抽象，我举个形象的例子。小刘有一辆奔驰车，为了向女友小王表忠心，尽快促成两个人结婚，和小王约定奔驰车归小王所有。这就是典型的赠予行为，而不是夫妻财产约定。

如果小刘和小王约定两个人结婚之后，奔驰车是两个人的共同财产，或者小刘占30%小王占70%，这才是夫妻财产约定。

夫妻财产约定和赠予有什么区别呢？两者最大的不同，是赠予人对赠予行为有任意撤销权。正因为有这样的任意撤销权，有些男人在结婚之前，给女方写这样一份约定书，把男方婚前的一套房约定为女方所有。但是，两三年之后两个人的感情不好了，女方拿着这样的约定书要求男方把房子过户给自己，这是不可能成功的。因为男方的这个约定实质上是赠予，是男方把婚前的一套房用夫妻财产约定书的形式赠予给你，你只享受赠予协议的法律效力，必须遵从《合同法》关于赠予合同的规定。男方反悔自己赠予房子的行为，则享有任意的撤销权，法律不支持女方依据夫妻财产约定书要求男方过户的行为。

总结一下，夫妻财产约定书是非常好用的工具，可以用来保护全职太太的财产权利，但是一定要明白它的界限。夫妻财产约定书有两个界限：第一，可以把归一方的东西，约定为夫妻的共同财产；第二，将婚前和婚后的财产约定为归各自所有，或者部分各自所有、部分共同所有。千万不能把一方的婚前财产，约定为归另一方个人所有，这不是约定而是赠予。除非对方直接把财产过户给你，否则对方可以行使任意撤销权。

婚后用租金还贷款要平分租金吗

婚前按揭的房子在婚后以租养贷，那么婚后的还款部分是不是夫妻共同财产？举个例子，一个男人在结婚之前，独自付了一套房的首付，每个月偿还 1 万元的房贷，恰好这套房的租金也是每个月 1 万元。男人结了婚之后一直都是以租养贷，并没有花夫妻的收入。十年之后，男人总共偿还房贷 100 多万元，这笔用租金偿还的房贷是不是夫妻共同的财产？房子相应的增值部分，妻子能否要求分走一半？

按照现行的司法解释和法官的共识，房屋的租金作为夫妻共同财产，有一个前提条件：结婚后，夫妻其中一方必须为出租房子付出时间、精力和劳动。如果没有为出租房子付出时间、精力和劳动，在实践中可能不会将租金认定为夫妻共同财产。

比如，婚前有一套全款购买的房子，结婚之后房子用于出租，房子的租金是不是夫妻共同财产，就看婚后有没有为出租房子付出时间、精力和劳动。如果在婚前已经和资产管理公司签了全权委托的协议，或者由中介公司全权代管，自己没有付出一点时间和精力，那么婚后的租金收入不属于夫妻共同财产。所以，对于以租养贷的租金收入算不算夫妻共同财产，还是要看婚后有没有投入时间、精力和劳动，有没有参与房屋出租的经营，如果没有，租金应当被认定为个人的财产，不属于夫妻共同财产。

此外，如果夫妻一方没有别的收入，依靠出租婚前的若干套房产过活，则租金有可能被认定为夫妻共同财产。

广州有个典型案例，女方唯一的资产是结婚之前购买的若干套商铺，婚后的主要收入是商铺的租金。她把若干套的商铺隔成小间，然后出租出去，总共收了700多万元的租金。

离婚的时候，她的老公认为这700多万元的租金属于夫妻共同财产，租金收益应该平分。女方就觉得不公平了：房子都是自己婚前购买的，这些年都是我在管理这些房子，不管是文案、策划、装修、宣传、招租，全都是我自己一手经营，凭什么租金变成了夫妻共同财产？

最后这个案子的法官酌情再三，将租金判给女方2/3，判给男方1/3。

如何保护婚前房产

我在咨询中经常遇到这种案例，两个人已经计划领证结婚，但是收入差距很悬殊。女生的收入是男生的两三倍。应该怎样处理才能保障自己的婚前财产呢？

步入婚姻殿堂的小雷，就遇到了这个问题。

小雷今年 30 岁，男朋友比他小 4 岁，两个人谈了三年恋爱，现在涉及订婚的问题。小雷是个女强人，毕业之后打拼了十年，有房、有车、有存款，经济条件非常好，丈夫却没房、没车、没存款。两个人现在虽然没有什么感情问题，但是小雷很害怕两个人离婚，会造成自己婚前财产的损失。她来问我有什么好方法保护自己的婚前房产。

小雷的主要财产是婚前购置的一套房子，她已经还了三年的房贷，现在还有一笔贷款没有还完。

我给小雷提出了三个解决方案：

方案一，在领结婚证之前，用她的婚前存款把所有的贷款一次性还清，这个房子的产权会变得干干净净，完全属于她一个人。

方案二，她可以和老公签订夫妻财产约定书或者婚前财产协议，明确约定房产的首付款、还款部分、增值涨价部分、出租的租金归属。如果将来房子要卖掉，获得的财产都是她的个人财产。

方案三，从领取结婚证开始，她用婚前存款偿还每一期的贷款。如果钱不够，可以请父母打款，并且写明白这是对小雷的单独赠予。这种情况下，小雷即使和老公离婚，对方也没有办法分割房产，因为她没有动用婚后的存款还房贷。

除了房子之外，婚后的生活费也可以在婚前财产协议中做出约定。如果夫妻的收入特别悬殊，比如一个人月收入 10 万元，另一个人月收入 1 万元，双方可以在婚前财产协议中明确约定，各自赚的钱是归各自所有的。但是每个人每个月拿出 5000 元，作为家庭的共同开支。只有这 1 万元属于夫妻共同财产，剩下的钱各归各所有，这种方法，也可以用来保护自己的日常收入。

如果你买房时出了钱，就一定要在房产证上加名字

很多人认为，既然已经是夫妻了，婚后买的房子的房产证上写谁的名字不是都一样吗？事实并非如此，这会给婚姻安全造成极大的漏洞。

举一个极端案例，妻子得知丈夫出轨之后，想要诉讼离婚。到了法庭才发现，丈夫已经把两个人仅有的一套房子做了抵押，而且是向十多个人做的抵押。原本价值 600 万元的房子，要支付给债权人的利息就高达 30%。丈夫的这些债务是多年累积下来的，妻子对丈夫抵押房子的事完全不知情。

也许有人会问，既然房子是夫妻共同财产，丈夫擅自

抵押房产怎么能有效呢？难道债权人不知道房子是共有财产吗？

因为房产证上只有丈夫一个人的名字，债权人有理由相信这个人就是房子的所有权人。即使丈夫未经妻子同意擅自出售房子，也不会导致出售行为无效，这就是房子的房产证上只写一个人的名字所造成的风险。

再举个例子，丈夫把夫妻共同所有的婚房，以600万元的价格卖了，又以自己父亲的名义买了另一栋房子，这个操作妻子完全不知情。

当妻子知道房子被卖掉的时候，能不能主张房屋买卖合同无效？当然不能。因为丈夫已经把房产过户了，而且拿到了600万元的房款，房子的买卖交易已经完成。购买人是善意的，妻子不能主张买卖无效，只能要求丈夫赔偿。

总之，房子只写一个人的名字，存在巨大的风险。除了各自的婚前房产，以及为了享受一些购房优惠不得不做出的变通，夫妻共同出资购买的房子，最好在房产证上登记夫妻两人的名字。

在房产证上加名字，需要注意什么

有些丈夫为了向老婆表忠心，会在自己婚前购房的房产证上加上老婆的名字，有些女性认为只要自己的名字在房产证上，就一定能分到一半的房产。实际上，房本上有你的名字，并不代表你就能分到 50% 的财产。

美美今年 29 岁，最近交往了一个同龄男生。对方是个军人，年底要转业。

两个人相处的时候，各方面感情都很好，但是婚房的问题，却一直困扰着美美。在结婚之前，男方父母全款买了一套房子，写了男方母亲的名字。但是，美美觉得这样会让她在结婚的时候很没有安全感，男方家的这一举动，似乎在把美美当作外人看待。她很想知道，如果结婚之后，在这套房子的房产证上加上自己的名字，是否有意义？自己能不能得到房子一半的产权？

从法律角度来看，婚前购买的房子加上配偶的名字，是一个法律行为。加上配偶的名字就表示，对方愿意把原本属于他的财产变成夫妻的共有财产。但是，变成夫妻共有财产之后，是不是意味着一定能分走一半的家产呢？这不一定，因为在房产证上添加名字分两种方式。第一种方式是直接把名字加上，让房子变成共有的财产。第二种添加名字的方法是把名字加上，并且写好了所占有房子的份额。这两种不同的添加名字的方法，在分割财产的时候会分到不一样的财产份额。

第一种，直接把你的名字加上去，但是不约定份额。这种情况下，如果将来两个人要离婚，你有可能分到房子的10%、20%、30%、40% 或者 50%。为什么所在份额区别这么大呢？因为法官会衡量夫妻结婚的时间长短、有没有孕育子女、夫妻双方对家庭的贡献，以及因为谁的过错导致的离婚，这些都是法官要考量的因素。法官会把这些因素加在一起，最后判决所占的房产份额。如果两个人的结婚时间非常短，没有生育子女，法官很有可能判给你 10% 的份额。如果两个人已经生育子女，结婚已经十几年了，而且是两个人的原因导致的离婚，法官会觉得夫妻生活在一起那么长时间了，对家庭都有贡献，有可能把你占房子的份额判到 50%。

第二种添加名字的方式，会直接约定你占房子份额的百分比，以及对方占房子份额的百分比。离婚的时候，两个人会按提前约定的百分比来分配财产。

回到美美这个案例中，丈夫的房产现在写的是他母亲的名字，最好先把房子过户到丈夫的户头上，再添加美美的名字。因为丈夫母亲过户给儿媳妇在税收上没有优惠政策，儿子过户给自己的老婆，则可以享受一定的税收优惠。

相比之下，在房本上添加名字，最好在添加名字时规定双方所占房子的份额，省去未来可能发生的不必要的麻烦。

忠诚协议真的是“万能药”吗

我接待过不少因为丈夫出轨找我咨询寻求解决方案的来访者。很多人往往面临两难的选择，既不想因为丈夫出轨草率地离婚，又担心对方继续在婚内出轨，特别缺乏安全感。于是，她们希望我帮忙起草一份忠诚协议，用来保护自己的权利，也让出轨的丈夫有所忌惮。

比如，有一位当事人发现自己的丈夫经常出轨，每次被抓到之后，都一把鼻涕一把泪地向妻子保证，以后绝对不会再犯。可是，当妻子原谅他之后，这位丈夫却依然如故。妻子想让丈夫签订一份忠诚协议，如果再出轨就净身出户。

在当事人遇到丈夫出轨的情况时，我一般会建议妻子和出轨的丈夫签订一份夫妻财产约定书，并且在约定书中明确规定夫妻之间的财产份额。由于许多夫妻没有签订过婚前财产协议，所以缺乏财产分配的协议基础。丈夫出轨之后签订夫妻财产约定书，可以弥补没有婚前财产协议的缺憾，给自身的财产权利提供保障。

但是，夫妻财产约定书和忠诚协议有很大区别，忠诚协议的主要内容，是出轨一方承诺如果再次出轨，所有财产归配偶所有，或者大部分财产归对方所有，或者出轨一方应承担经济上的赔偿。而夫妻财产约定书则不以一方出轨为前提，是对夫妻财产的分配约定，也是离婚时财产分配的依据。

很多人认为，老公已经和她签了忠诚协议，这就相当于给老公戴上了一把“贞操锁”，他一定不敢再出轨了。实际上，当你拿到忠诚协议的时候，你们的婚姻很可能已经名存实亡。忠诚协议并没有那么大的魔力，可以保证对方不出轨，很多时候还会起到适得其反的效果。因为一个人出轨有很多因素，比如夫妻生活是否和谐，夫妻之间有没有共同语言，配偶能否经受住外界的诱惑，能否把持好自己的底线等。男方出不出轨，也并非仅仅因为忌惮净身出户就能控制的。

举个例子，有一位当事人的老公经常出轨，当事人让老公签忠诚协议，约定再出轨就净身出户。哪知丈夫前前后后签了十多份忠诚协议，却依然婚内出轨。我在和这位当事人的交流中才了解到，原来两个人的夫妻生活很不和谐。当事人对亲密关系这件事非常冷淡，丈夫又是个自控力很差的人，这才导致频繁出轨。由此可见，忠诚协议并不能完全解决出轨的问题，更不是防止一方出轨的“万能药”。

签订了忠诚协议之后，没出轨的一方很可能陷入疑神疑鬼的状态。我见过一位当事人，在老公出轨之后签了忠诚协议。这份协议像是一颗不安的种子，深深埋在了她的心里。她在家里、车里，甚至老公的手机里都装了跟踪装置和录音设备。每天都要翻老公的手机、包、衣服，而且定期去老公的工作单位检查。有一次因为发现了老公疑似出轨的证据，当着老公同事和领导的面大发雷霆，老公也差点丢了工作。

试问，这样每天生活在提心吊胆中的日子，又能维持多长时间?

而且，忠诚协议有可能是一份无效的协议。《民法典 · 婚姻家庭编》的司法解释在草拟的过程中，曾经对夫妻忠诚协议做过相关规定。如果夫妻双方签订忠诚协议，经过法官审查之后，确定协议没有欺诈、胁迫，应当认定忠诚协议有效。但是，由于这条解释存在较大的争议，并没有写入司法解释中。

其实，哪怕法官认定忠诚协议有效，也存在着举证难的问题。由于忠诚协议是以配偶出轨为前提，进行婚姻财产的分配，那么被出轨的一方就必须费很大力气证明配偶存在出轨行为，而出轨的取证非常困难。

既然忠诚协议存在如此之多的问题，面对配偶出轨应当怎样应对，才能保障自身的财产权益呢？我认为，最简单且有效的方法就是在发现对方出轨的一周内（一周是协商的黄金期），抓住对方基于愧疚、害怕或者想要挽回婚姻的心理，签订夫妻财产约定书，当然你的心理预期也不要太高，上来就想把房子、车子、存款等重要财产，都约定为归没有出轨的己方所有，这是不现实的，容易激怒对方，引发负面的态度，如果能约定 60% 或者 70% 归没有出轨的己方，就已经比打官司要划算了，因为打官司离婚，即便能证明对方出轨，也是很难打出这个分配比例的。

07

婚姻危机：当我们遭遇了背叛

老公初次“出轨”怎么办

陆陆结婚之后，一直是大家羡慕的对象。她和老公结婚五年，两个人在上海有一套共同的房产，还有一辆 70 万元的车在陆陆的名下。两个人共同打理一家公司，每年的利润也很可观。陆陆和老公在婚后的感情很好，于是陆陆决定备孕，尽快为家里添一个可爱的小宝贝。

在陆陆备孕期间，丈夫有一个非常好的工作机会，为了让自己的事业更上一个台阶，他申请调到深圳工作，留下陆陆在上海备孕。每天的工作结束之后，两个人都会打电话聊天，相互关心一下近况。有一天打电话的时候，陆陆发现老公的声音不太对。虽然老公说他已经回家，但是视频里却传来酒店的回声。

陆陆对老公说："我不想诱导你撒谎，你要告诉我到底是怎么回事？"老公就像被监考老师抓住作弊的学生一样，对陆陆说现在商圈的风气不好，供应商一直带他出去应酬。刚才和供应商一起洗脚的时候，没有把持住做了"大保健"。

承认自己犯错误之后，老公开始不停道歉，求陆陆的原谅，希望她千万不要生气，不要和他离婚。如果老婆愿意原谅他，他愿意付出一切代价。陆陆觉得成年人的婚姻有时候是很无奈的，两个人的感情没有到破裂的程度，也没有离婚的打算。而且老公到目前为止认错的态度很好，但是对陆陆造成的伤害是客观存在的，她在心理上也很难过这一关。

陆陆害怕丈夫会犯第二次错误，这次不能妥善处理的话，丈夫今后很可能肆无忌惮地出轨。于是，她想签订一份婚内财产协议（夫妻财产约定书），并来咨询我怎么样拟协议才有效。

听完陆陆的讲述之后，我觉得陆陆是个非常理性的人，也非常欣赏她这样的处事风格。夫妻财产约定书是保护婚姻中财产最好的方式，只要夫妻双方签字按手印，即使不公证也是有效的。那么，夫妻财产约定书如何拟定呢？一份夫妻财产约定书，至少要包括以下内容：（鉴于这个案例中丈夫已经提出愿意把所有财产都给女方，下文是按照这个思路起

草的约定书，并不适用于所有夫妻中一方出轨的情况）

第一，写明夫妻双方的基本信息。

抬头居中写夫妻财产约定书，然后是夫妻双方的姓名、身份证号、正式登记成为夫妻的准确日期，并且写明夫妻双方经过友好协商，对所拥有的财产做如下的约定。

第二，列明约定财产的具体情况。

假设你们夫妻共同财产是一套房子，在约定书中要写明房子的具体地址、房产证编号；还要写清房子的购买时间，由谁出资购买，登记在谁的名下；并且在约定书中声明，房子本来属于夫妻共同财产，但是协商之后把它作为女方的个人财产，不再作为夫妻共同财产。房产需要偿还的贷款、增值部分，以及出售该房屋所得到的价款，出租该房屋得到的租金，都作为女方的个人财产，不作为夫妻共同财产。

如果夫妻的共同财产是一辆汽车，也是同样的道理。在约定书中写明车辆购买的日期、车型、车牌号、机动车驾驶证号等；并约定将车作为女方个人的财产，不作为夫妻共同财产。如果车辆有贷款，要写清楚车的还款部分，以及将来卖车之后得到的价款都作为女方的个人财产，不作为夫妻共同财产。

第三，写明公司的收益。

夫妻二人共同开办的公司的股权，以及公司在经营中产生的收益，都作为女方的个人财产，不作为夫妻共同财产。

第四，对债务进行划分。

在约定书中写明夫妻双方现在有哪些债务，比如房贷、车贷等。写清这些债务还有多少没还完，并注明债务作为男方的个人债务，不再作为夫妻共同债务。

第五，划分夫妻双方的存款。

列明各自名下的存款。比如，你们共有50万元的存款，这些存款存在哪张银行卡里。声明存款作为女方个人财产，不作为夫妻共同财产。

第六，约定男方收入的所有权。

约定将来男方的收入作为夫妻共同财产，女方的收入作为女方个人财产。

总结一下，夫妻财产约定书可以对房子、车子、存款、公司的经营收益、债务、将来的收入进行约定，也可以对婚前的财产做约定。

除了签订夫妻财产约定书，面对丈夫出轨，女方最好能够做好家庭财产的管理。所谓家庭财产管理，就是女方要能够亲自管钱，做到每一笔大额的开支都有商有量有记录。能够让丈夫知道交给家里多少钱，今年花了多少钱。还可以建立夫妻共同账户，账户中的钱只要女方不同意，男方无法花费账户中的钱。如果男方的工资收入只占家庭收入的一小部分，大部分收入都是业务上额外的来源，女方害怕男方藏小金库。这个问题怎么解决呢？我有个客户做得很绝，她直接要求老公去银行把银行卡对应的电话号码，改成女方的电话号码，对方每一次进账女方都会收到提示。

以上解决的是丈夫出轨之后，财产保护的问题。如果夫妻的感情没有彻底破裂，还想维持婚姻关系，共同养育自己孩子的话，最好一起参与孩子从孕育、出生到养育的过程，这样丈夫和孩子之间才会真正地血浓于水。否则，只有女方一个人在异地备孕，男方无法感受到自己和孩子之间的血脉相连。有些父亲给孩子换尿布，手把手地带孩子，这样的亲子关系更加密切。

清官难审家庭事，同样的事情落在不同的人身上，都是不一样的感受和体验，我不能说有绝对正确的解决方案，但我希望为大家多提供一些解决问题的思路。

之前还有位咨询者来找我，她的丈夫出轨了 KTV 的服务人员，她想离婚。他们已经结婚 8 年，有 2 个孩子，咨询者是家庭主妇。家里有 2 套商品房、4 套公寓和 2 辆车。她的丈夫没有时间带孩子，她想着自己如果离婚后能分到一半的财产，自己可以靠着这些积蓄生活下去。

我们从理性的角度来分析。第一，她是一个全职太太。

第二，她的收入完全靠老公。第三，她老公现在属于事业的上升期。第四，她有两个孩子。对于她这种情况，我们女人一定要有姿态和格局。不是说我老公被某个女人看上了，或者跟哪个女人有点什么关系，你的第一反应就是必须离婚，离婚不是我们唯一的选择。我们要清醒思考，权衡利弊。

如果你的丈夫没有提离婚，可能表示他也权衡过，他没有想离开你和两个孩子的打算。那现在我们就解决问题，签夫妻财产约定书，先保护财产。保护财产既是为了你，也是为了孩子。

总之，老公初次出轨之后，女方最好对自己的婚姻状况做一个整体的评估。有人说“出轨只有0次和无数次”，有人则认为“浪子回头金不换”，对于概率性的问题我们不做讨论，但如果你选择继续维持婚姻关系，最好拟定一份夫妻财产约定书，把现有的财产分配好；并且做好今后的家庭财产管理，明晰家里的大额收入和支出，有备无患。

怀疑老公背叛婚姻，应该做什么准备

当事人小芳和丈夫结婚五年，有一个3岁的孩子。老公对她很不错，每个月交1万元给她。小芳婚前有一套房，婚后夫妻二人共同买了一辆车，挂在公司的资产上。婚内又按揭买了一套公寓，写的是两个人的名字。公婆承诺今年把婚房过户给夫妻二人，公司股份老公占90%，小芳占10%，一年利润大概100万元，厂房出租获得的租金一年四五十万元，都归小芳管。

可是，小芳怀疑老公出轨，每天疑神疑鬼，经常翻看老公的手机，觉得老公已经出轨了，把日子过得像谍战剧一样。

小芳为了预防老公出轨，问我应该做什么准备，可不可以约定所有的公司股权都归儿子所有，这样就能保住江山，避免其他女人和他再生的孩子分走原本应该属于自己孩子的财产。其实，这种做法真的非常不可取。开过公司的人都知道，绝大多数公司的核心资源并不是营业执照，不是公司的名字，而是产品、客户、运营、渠道等。如果真到夫妻恩断义绝，对方再找人结婚生子那天，对方完全可以另起炉灶，把公司人员和客户资源拢一拢，重新开一家公司。孩子即便拿到全部股权，也只是一个空壳，没有实际的意义。孩子和父亲的财产关系，不能靠协议维持。

最好的办法，是经常培养孩子和父亲之间的亲情，让孩子在父亲心中有位置。或者多给孩子买一些不动产以及年金险，这些比股权来得实在。

老公与第三者纠缠不清，如何应对

经常怀疑自己的老公出轨，把日子过成谍战片是不对的，那么老公真的出轨了，甚至出轨的是公司同事，应该如何应对呢？

茜茜的故事，或许会对你有所启发。

茜茜的老公出轨了自家公司的同事，茜茜发现老公出轨之后，一直犹豫这段感情到底还要不要继续。因为丈夫在自己面前，总是装出一副很深情的样子，信誓旦旦要跟茜茜好好过日子，两个人对出轨这件事也谈了无数次。

茜茜和丈夫结婚已经 16 年了，两个人创业过三次，这些年过得非常辛苦，直到近两年才做出了一些成绩。但是，自从手里有了一点钱之后，丈夫在很短的时间内就喜欢上了自家公司的同事，而且处于很痴迷的状态。

丈夫一再对茜茜说，那个女同事比自己小20岁，自己不可能和她生活，自己这辈子都没有想过抛弃茜茜。丈夫第一次被发现出轨的时候，做了一个多小时的忏悔。不断说自己拥有一个那么幸福的家庭，为什么要把它毁了？他不可能在一个水性杨花的女人身上浪费一点时间，那个女人每天的联系人里全是男人，自己怎么可能和她长久在一起呢？

但是，丈夫每次忏悔之后，过几天又会和那个女同事混在一起。因为丈夫经营的是一家直播公司，他觉得如果这个女同事走了，公司很可能会垮掉，所以非常维护那个女同事。有一天上班，茜茜去买早餐，回来的时候看到老公在办公室里面和女同事亲热。

面对事业和家庭，茜茜陷入了两难境地，她为这件事感到非常苦恼，来求助我。

对于茜茜以及有类似遭遇的女性，我认为必须把握好以下几点：

第一，保留好丈夫出轨的证据。

可以把丈夫说那个女同事说过的话都给录下来，作为对方出轨的证据。即使有一天两个人要离婚了，也必须保存好这些证据，为之后的诉讼做好准备。

第二，将财产尽快转移到自己名下，确保离婚之后自己能养活自己。

如果夫妻二人有房产，可以和丈夫签夫妻财产约定书。但是，在签约定书之前，不要轻易暴露自己的目的。可以说："老公我相信你是为了这个家打拼，但是现在我每天白天吃不好、晚上睡不好，我觉得自己都抑郁了。你答应我，签一个财产约定书。"

第三，给自己找快乐，不要每天委屈自己。

你可以每天去健身，花钱买私教课，也可以找个风景秀美的地方住一个月，保持身体健康和心情愉悦。总之，保持身心的健康，拿到属于自己的财产最重要。当你签好夫妻财产约定书，并且将属于自己的财产转移到自己名下，就已经为自己的生活做足了保障。至于出轨的一方是否能够真诚悔过，并不是你能左右的事情。即使对方已经决定改过自新，也要慎重考虑是否接受他，避免受到二次伤害。

伴侣给第三者转账，我们如何维护自己的利益

小夏和老公结婚已经12年，有三个孩子。小夏偶然翻看丈夫手机的时候，发现他出轨已经四年多了，并且通过微信、支付宝、银行卡，给第三者转了20多万元。老公和公婆一向对小夏很不错，猛然得知老公的背叛，小夏特别痛苦。老公家里有两套房子，年收入大概在70万元。小夏和公婆一起开了一家小饭馆，结婚之后婆婆帮她看孩子。婆婆表示即使离婚之后，还让小夏一起打理家里的生意。小夏想，如果没有发现老公出轨，自己可能还过着非常和谐的家庭生活。小夏一直在纠结，是要和老公离婚，还是再给他一次机会。

听完小夏的讲述，我认为如果家里面婆婆很明事理，给

丈夫一次机会也不是不可以。

当然，我并不是说要原谅所有的不忠诚行为，而是，如果你不只是考虑夫妻感情，还考虑整个家庭，包括孩子，是可以有“原谅”这一选项的。尤其是小夏的婆婆表示即便在小夏离婚了之后，也答应把饭店照样给她经营，证明男方的母亲很明事理，家风不错，所以不离婚也许对于小夏而言是更好的选择。

但是，不选择离婚并不意味着不能给对方敲警钟。小夏可以通过保护财产，防止丈夫再次出轨。她可以通过夫妻财产约定书，把家里的两套房都约定归自己所有。还可以将老公的私房钱变成小夏的个人财产，当作对他的惩罚。如果小夏选择离婚，正好给第三者“腾了位置”，一个原本和谐的家庭，很可能再也无法破镜重圆。

那么，小夏丈夫转给第三者的 20 多万元能否拿回来呢？

按照以下几步处理，这笔钱可以通过诉讼的方式追回。

第一步，搜集证据证明老公和第三者的不正当关系。

比如，聊天记录、暧昧的照片、视频、录音等。搜集证据的时候要注意方法，聊天记录的截屏很难作为证据。任何人都可以把微信头像换成老公和第三者的头像。那怎样固定证据才有用呢？可以用手机的录像功能，把老公和第三者的聊天记录用录像固定，遇到有语音的情况，要把语言全部播放一遍。并且把他们所有的聊天记录全选之后转发给你自己，这样才有这些聊天记录的痕迹。然后把转发的记录删掉，这样保证发现不了。

第二步，找律师起诉第三者。

找律师去起诉第三者，告诉律师你追回老公转账的要求，并且询问清楚要拿到哪些证据才能起诉。

很多人认为，律师没有应对出轨的办法，毕竟清官难断家务案。实际上，专业律师自有一套处理这类案件的专业方法，能够最大限度地避免你由于自身的不专业遭受的损失。

第三步，如果你知道第三者的确切地址，也可以去找她对质。

但是请记住，对质的最终目的不是要分输赢，而是要最大限度地搜集对你有利的证据。你在和第三者谈话的时候，必须做好录音、录像的工作。

你在找第三者对质的时候，可以旁敲侧击地问对方，甚至用一些激烈的语言去刺激对方，通过对方的反应来证实她和你老公之间到底是什么关系，让对方承认收到了这笔钱。

第四步，保留转账证据。

把你老公和第三者的转账账单下载下来，发到你自己的邮箱里，证明老公给第三者转过钱。

伴侣对婚姻不忠，我们如何保护自己的财产

从前文的四个典型案例中，我们可以看出处理出轨问题是一件很专业的事情。稍有不慎就会搞得满盘皆输。事实上，仅从裁判文书网的统计数据来看，近三年的离婚判决中，有将近5万多份和出轨相关。但是，一般女性在面对丈夫出轨时，很容易变得情绪化。这样不仅无法保护自己的人身和财产权益，而且会激化矛盾，让事情往最糟糕的方向发展。

前些年有一部叫作《女人心事》的电视剧，展现了几个女性角色在面对丈夫出轨时的不同表现。有的人在面对配偶出轨时，害怕舆论的压力，选择忍气吞声。有的人则自认倒

霉，一味地妥协退让。还有的人为了息事宁人，对外宣称是自己出轨，替配偶背黑锅。这虽然是电视剧中的情节，却在现实生活中一遍遍地上演着。那么，配偶一旦出轨，应该采取怎样的措施，才是最正确的选择呢？

至少应当做到以下几点：

其一，用最短的时间冷静下来，快速梳理出自己的诉求。

你是想要尽快修复夫妻关系的裂痕，挽回这段即将破碎的婚姻，还是想最大限度地得到夫妻共同财产，想办法保留婚前财产？或者成功争取到孩子的抚养权？让出轨的配偶和第三者付出代价？如果你的想法是争取财产和抚养权，那么就应该立刻找到专业的婚姻律师，介入你的案件，并且按照专业人士的指导展开下一步的行动。如果你想挽回婚姻，则要学会控制情绪，不要把对方逼迫得太紧，避免适得其反。

其二，学会隐藏自己的想法，不要让对方知道，你已经掌握了他出轨的事情。

美国经典电影《教父》中有一句经典台词："永远不要让你的对手知道你在想什么。"处理出轨这件事，从我接待的众多出轨案件中可以看出，出轨案件中同样存在着很激烈的博弈。女性在这场博弈中，往往处于弱势地位。对于弱小的一方而言，不要打草惊蛇是最优选择。因为一旦对方知道了你的意图，就会用最快的速度毁灭证据，甚至转移财产，这会给你后续的证据搜集及诉讼造成麻烦。

其三，尽快摸清对方的财产情况。

当你已经决定用法律手段解决问题，一定要开始搜集证据，并且搞清楚对方的财产状况。比如，对方的房子、车子、存款、公司盈利状况、债务、债权等。如果能把这些财产转到自己名下，应当尽快转移，或者保留好证据。

其四，处理好自己的财产。

发现配偶出轨之后，最好把自己的婚前财产全部归拢一下。比如，婚房、车子、彩礼、嫁妆、存款等。如果自己的财产和配偶的财产放在了一起，应该进行切割，避免出现财产混同。

其五，找准搜集证据的时机。

处理出轨案件，最重要的是搜集和保留好证据，这也是此类案件最难的环节。因此，找准搜集证据的时机非常重要。什么时候是搜集证据的最佳时机呢？是对方知道你已经发现他出轨的时候。这时，对方即使表面镇定，内心也一定惊慌失措。你在这个时间点录音取证，或者签订财产约定书，很可能会得到你想要的结果。当对方把心态调整好，会开始对你有所戒备，并且保护自己的财产，再取证会变得困难。

完成上述工作之后，你已经在处理出轨这件事情中占得先机。不管是选择诉讼离婚还是协议离婚，你都会有很大的操作空间。当选择诉讼离婚，你已经掌握了足够的证据；当选择协议离婚，则有更多可用的谈判筹码。不管是争夺抚养权、财产权、债权还是赔偿，都会立于不败之地。相比于一般人遇到出轨之后的自乱阵脚，或者撒泼打滚，你显然能处于更有利的位置。

怎样合理合法地搜集伴侣出轨的证据

既然搜集证据是处理出轨问题的核心，那么如果你已经准确地获悉伴侣出轨，怎样搜集出轨证据才是既有效，又符合法律规定的呢？我将按照录音、聊天记录、视频和照片这三个分类，分别介绍搜集伴侣出轨证据的有效方式。

录音证据

搜集录音证据，一定要注意选择场合，否则录音很可能变成无效证据。对于婚内出轨而言，以下四个场合最适宜搜集证据：

其一，当你和对方谈论出轨这一问题时，最好对两个人的对话进行录音。因为在这个时间段，对方可能会谈及一些关于出轨的具体内容，这些对话内容可能成为对你有利的证据。

其二，发现配偶出轨后，可以在家里放置一些录音设备，比如手机、录音笔等。这样可以在家中收集到对方和第三者的通话，或者是两个人在家中幽会时，录到证明对方出轨的内容。

其三，私家车也是搜集证据的地点，因为很多出轨的人不敢把自己的行为公开，认为私家车是比较隐蔽的空间，所以很多出轨行为都会选择在私家车内进行。在私家车内放置录音笔、行车记录仪、手机等，有很高的概率录到出轨内容。

其四，和第三者对质，也是搜集证据的最佳时机。虽然在对质的过程中，第三者不会承认自己是出轨对象，即使承认也无法将她加入离婚诉讼中。但是，当丈夫和第三者有金钱上的往来，并且想让对方返还这些财产，这些录音就会起到很大的作用。因为你可以以返还财产为由起诉第三者，并且把录音作为诉讼证据。在庭审过程中，法官会问她录音里是否是本人。如果她承认是本人，那么结合转账记录和其他聊天记录，综合来看，更容易证明对方出轨了你的配偶。即使对方不承认录音是本人，你也可以申请法院进行鉴定，最终证明录音中的人是对方。

除了要注意录音的场合之外，还要注意保证录音的有效性。在把录音交给法官时，一定要保持录音的完整性，不能对录音进行剪辑，否则会造成录音的无效。同时，要注意保存好录音的原始载体，比如用录音笔录成的证据，一定要保存在录音笔里，不要随意更换录音器材。在录音的过程中，要说清自己和对方的姓名、关系、财产金额、事由等信息，形成完整的证据。

聊天记录

微信聊天记录、短信聊天记录，这些证据既是常用证据，也是最不容易有效固定的证据。

有人可能会认为，不就是微信聊天记录吗？截个图可以了，有什么难固定的？殊不知，很多人正是抱着这种想法搜集证据，导致辛苦找到的证据完全无效。因为截图太容易造假或者栽赃了。

正确的取证方法如下：

第一步：用你自己的手机打开录像功能，对准他们的聊天记录界面，录下要取证的微信账号信息、微信名、微信号（微信号一年只能更换一次，所以更具备指向性）具体绑定的手机号码以及聊天内容，要保证账号和内容逐条对应，你录像的过程，不能剪切或者中途间断。

第二步：发现老公和第三者的不雅视频或者暧昧照片之后，一定要立刻转发到自己的手机，并且删除转发的痕迹，避免被当事者发现。

第三步：录制微信聊天视频的时候，必须录下微信号和绑定的手机号，这可以用来调取微信的消费和转账记录，以及用来证明微信的使用人就是自己的老公。

第四步：视频必须录下微信的整个对话窗口，不能只录局部的对话记录。而且视频的分辨度必须高，以确保视频的清晰程度。

第五步：检查一下对方的朋友圈、收藏夹有没有可以利用的证据。如果有相关证据，要立即保存到自己的手机里。

第六步：语音最好能够播放，并且转化成文字。

第七步：为了便于司法鉴定，必须保存好视频的原始文件及录制设备，避免原视频和录制设备的丢失或损坏。

除了微信，手机短信也是信息证据的一种。相比于微信，固定短信证据更加困难。因为短信没有转发功能，更无法合并聊天记录，所以，保留短信聊天证据的简单办法，是将对方的手机拿走，这样才能在法庭上展示证据的原始载体，并且用这个载体展示短信聊天的内容。

视频和照片

搜集、固定这种证据的方法有两种：第一，自己或者找人跟踪对方和第三者，看到两人有亲密举动之后拍摄照片和视频。其二，找到对方保存的有第三者的照片和视频。相比于跟踪拍照片、视频，找到已经拍摄好的文件显然更加简单。搜寻此类证据的方法如下：

第一，查找配偶的手机相册、微信收藏夹、朋友圈、聊天记录，转发或者保存。

第二，找到对方在电脑中的文件夹或者被隐藏的文件，保存到自己的移动设备中。

第三，用对方的手机号登录网盘、QQ、邮箱，搜寻相关的视频、照片。

一旦找到这类照片，请立即保存到自己的移动硬盘或者U盘中。最好不要用配置较低的手机保存或者拍照、录像，这会让照片和视频过于模糊，无法确定是谁。

在收集证据的过程中，坚持证据的真实性、合理性和关联性原则；不得采取胁迫、强制甚至恐吓等手段非法获取证据；不得随意曝光、泄露个人隐私。

老公送给第三者的房子如何追回

刚刚开始做婚姻咨询时，我问过很多当事人为什么要婚内出轨？他们告诉我，婚姻生活太乏味了，想要寻求一点刺激，况且婚内出轨也只是道德问题，不会有什么财产损失，出轨的成本很低。但是，事实真的如此吗？

广州的王先生曾是一位身价千万的富翁，外贸生意做得风生水起。直到他在 KTV 遇到了一个年轻女孩，两个人一见钟情，当晚便确定了情人关系。为了讨女孩的欢心，王先生把自己的两套房子送给了她，而且抛弃了与自己相守十年的结发妻子，和情人住在了一起。

没想到，王先生的生意遇到了困难，资金链全部断裂。在商圈中的信誉也一落千丈，再也难以融到资，公司只能进行破产清算。得知王先生做生意失败之后，情人立刻把王先生的房子卖掉，拿着房款消失得无影无踪。在短短的时间之内接连受到打击的王先生，身体也出现了问题，急需一笔钱治病。他来到直播间找我咨询，希望我能告诉他一些方法，让他从情人那里把自己的钱拿回来。

可是房子已经被王先生过户给情人，想要追回来并不容易，而且情人已经不知所终，即使王先生赢了诉讼，也需要等待很长的执行周期。这笔钱对于急等用钱治病的王先生而言，无异于远水解不了近渴。从王先生的经历可以看出，婚外情并非毫无成本，而是婚姻和家庭的杀手，甚至会给当事人造成巨大的经济损失。

一旦出轨的一方把夫妻共同财产送给第三者，是不是就没法追回了呢？并非如此，至少有四种情况可以把送出去的财产追回来。

其一，把房子送给第三者。

有些人为了讨情人的欢心，或者想让对方给自己生儿育女，很可能把房子过户到第三者名下。可能有人会认为，房子都已经过户了，还能要回来吗？这要分两种情况讨论，如果房子是出轨一方的婚前财产，则原配不能要回房子，因为房子不属于夫妻共同财产，原配没有所有权。但是，出轨一方送给第三者的如果是婚后打拼或者购买的夫妻共同财产，则只要原配愿意配合做原告，完全有可能把房子要回来。

其二，以第三者名义购买的房产。

这种情况与把房子送给第三者有很大不同，由于房子以情人的名义购买，所以房屋的产权属于情人。出轨一方给情人买房用的是夫妻共同财产，原配只能要求返还金钱，而不能要求返还房子。比如，老公用300万元的夫妻共同存款，给第三者买了一套房子。两年之后，房子的价格涨到了500万元，溢价部分和原配妻子无关，只能要求对方返还300万元的购房款。

其三，将房子折价卖给第三者。

判断这种情况原配能否要回房子，要看折价的价格是否低于房子市价的70%。比如，房子价值500万元，老公以300万元的价格卖给第三者，这属于远远低于房子的市场价格。第三者在受让房子的时候，在主观上显然是恶意，原配可以要求第三者返还房子。但是，房子的价格是500万元，老公以450万元卖给第三者，这属于合理的价格区间。配偶想要第三者返还房子，就需要证明丈夫和第三者之间存在婚外情，从而证明老公和第三者的主观恶意，第三者不能取得房子的所有权。

其四，把遗产留给情人。

有一位年龄83岁的当事人，晚年生活十分孤独，和照顾自己的保姆产生了感情。为了感谢保姆对自己的照顾，于是在去世之前订立遗嘱将自己价值1000万元的房子作为遗产交由保姆继承，并且去公证处做了公证。实际上，这份遗嘱违背了公序良俗，属于没有法律效力的遗嘱，情人无权继承这份遗产。虽然遗嘱进行了公证，但是不能改变遗嘱的无效性。老人的遗产应当按照法定继承顺序，由父母、配偶、子女继承。

当然，把房子作为遗产留给情人的案例，实践中也存在争议，有的法官认为，如果遗产中没有涉及夫妻共同的房产，完全属于立遗嘱人自己的财产，则应该尊重本人的意愿。

“二婚”人群的自我修养

你见过二婚比头婚过得更幸福的女人吗？我当了这么多年律师，可以明确跟大家说，二婚女人想要过得比以前更好，真的太不容易了。不管怎么说，你会发现二婚的择偶标准跟头婚是不一样的，大家都有着不同的需求和期待，想要重组家庭。因此，二婚想要过得更顺利一点，我可以为大家提供四个建议。

第一，找个需求相当的对象。

你要认清一个事实，二婚重组家庭，双方的需求和标准都不一样了。既然已经见过了“夜的黑”，大家为什么要再次进入婚姻呢？

无非就是各有所求，二婚带孩子的人，希望可以给孩子一个完整一点的家庭，同时可以分担育儿和经济压力，再者两个人也能做伴，年老了互相扶持。当然，也有少数人是因为依然相信爱情，或者遇见了喜欢的人，而再度步入婚姻的。

我们要找一个需求相当的。比如，不想生孩子，你找一个不想再要孩子的男人，年纪比你大一些，大十来岁的；或者别人已经有孩子，也不想生孩子的男人。大家没有根本性的需求矛盾（如一个要生孩子，另一个不想生），日子才有过得稳的共识。

第二，选择伴侣，要选特别自信的人，尤其是二婚。

什么叫特别自信的人？就是他自己非常优秀，他即便是不跟你在一起，掉转头也能找个别人。其实找这样的人生活，虽然会有被人挖墙脚的风险，因为他可能会吸引别的人，但是最起码你的生命健康是安全的。

有位网络主播的故事相信很多人都听闻过。她在网络上卖自己家乡的土特产，有一天在直播的时候，被她的前夫泼了一桶汽油，然后打火点燃，一个悲剧就这样发生了。

这位网络主播为什么会遇到这样的灾难？她已经跟她的前夫离婚了，但她依然逃不掉，为什么？就因为她前夫除了她之外，可能没有人再愿意嫁给他了，没有人再愿意找他了，能理解吗？所以他死都不会放过她。

这就是为什么女人找老公，最好找一个人格完整、理智的人，如果一个男人本身在情感方面是比较成熟的、理性的，就会比较有魅力。哪怕有一天二婚也过不下去了，你想逃离这段关系的时候，他也不会去伤害你，为什么？因为伤害你对他来说毫无意义，而且即使你离开，他的人生依然可以过得很好，他不会强求一辈子绑住你。

第三，别选边界感不强的男人。

之前有个女孩咨询我，说自己的男朋友总是趁自己不在，就偷偷约异性朋友外出吃饭。她很苦恼，不知道如何是好。

其实，这是那个男生的边界感不强造成的。当你发现他这个人边界感不强，像一个中央空调一样，对谁都好，对谁都能送上班接下班，给谁都能泡红糖水，你接受不了这种人的话就换一个。

本来二婚的感情维系难度就比初婚艰难，你还选一个“中央空调”式的丈夫，不就是让自己难上加难，雪上加霜吗？

第四，别要求对方对你的孩子视为己出。

这是很多二婚人士都会犯的错，总是觉得二婚的伴侣对自己的孩子不上心，或者更偏心自己的亲生孩子之类的。很多二婚家庭过不下去，也都是这个原因。

女人对自己孩子那种天然的保护欲会让你变得特别敏感，比如你的孩子哭闹，后爹一个不耐烦的眼神，就会让你特别生气、失望；孩子偶尔成绩下滑了，后爹一句不咸不淡的“下次好好努力”，也会让你心里特别不是滋味；孩子生日，如果后爹没有记住，你会觉得怅然若失，甚至比忘记你的生日还要难过。

如果这些戳中了你的神经，那你的二婚真的会很难过。以我的咨询经验来看，重组家庭想要过得好，你必须清醒地认识到，两个没有血缘关系的人是不可能被你捏合到融为一体的。

你可能会说道理谁都懂，但遇到事情的时候就是会被情绪牵引着走，那想要消解这样的情绪，你恐怕只能从根源上打消掉不切实际的期待，不要指望二婚的老公对你的孩子有多关心，只要在家庭教育上不拖后腿，不干涉你管教就足够了。

当你抱着这种心态，日子反而就好过了。有一天，你突然发现他给你的孩子买了件衣服，或者他主动去接孩子放学，你可能会觉得非常宽慰，日子也就好过多了。

最后一点，防人之心不可无，一定要注意子女与继父母保持安全的距离，特别是注意女儿和继父之间的关系。如果你带了女儿，又带着她再婚，我建议你把孩子送去住校，那孩子就没有那么多单独接触继父的机会。当你的孩子回家时，请你陪着她，保护好自己的孩子，千万不要去挑战人性，只有合理的制度和管理方法，才能大大减少未来相处的不确定性。

亲密关系中，你必须牢记的一些规律

我今年 38 岁，干律师十几年了，想跟你们聊一聊关于两性关系里面的一些规律，希望你们早点知道，少走弯路，少吃亏。

第一，当你决定为男友或者老公放弃自己的事业，你就很大概率会迎来悲剧。无论你的另一半当时对你有多好，他前程有多么远大，无论男朋友是刘尊马尊还是李尊张尊，当那个女孩放弃自己的事业那一刻，就注定会被抛弃，这么说你们可能会觉得我太武断、太绝对，并且宣扬的是毒鸡汤，没有关系，认真听这背后的规律，这个世界上唯一不变的就是变化本身，爱情也不例外，对不对？无论你跟谁谈恋爱，感情本身就是在不断发生着变化的，当初对你的海誓山盟万般疼爱不是假的，是真的，今天对你冷嘲热讽、爱搭不理，甚至拳打脚踢，弃之如敝屣也是真的。

如果你寄希望于男人信守当初爱你时的承诺，画出对你好一辈子的“大饼”，那这本身就是痴心妄想，是违反规律的。就拿陈露来举例子，一个舞蹈演员，最有魅力的时刻就是在聚光灯下享受万众瞩目，观众鼓掌欢呼惊叹的那一刻。当一个男人从万千观众眼里看到他们对你的仰慕，那一瞬间，他会不自觉地生发出一种独占鳌头的喜悦和成就感。而你想要得到这个男人长久的倾慕，就必须让自己一直在那个闪闪发光的舞台上扮演一个仙子，你一旦失去舞台、失去灯光、失去观众、失去男人对你的垂涎欲滴，你就变得泯然众人，那么这个男人在看你的时候，你跟隔壁天天唠叨张家长、李家短、鸡毛蒜皮的张大姐刘大妈，别无差异。

有些人可能会问我，难道就没有至死不渝的爱情了吗？有，但不是很多。

第二，与其把本钱投资在男人身上，给他买手表、买衣服，立“人设”开公司铺路搭桥，不如投资在自己身上，该考研考研，该培训培训，哪怕你花钱去健身、去跳舞、去锻炼身体也是好的。因为从概率上来讲，你所投资的男人可能有 50% 的概率会背叛你。而这个世界上唯一不会背叛你的就是你自己，如果你算明白这个账，就知道手上这些钱该怎么花了。

第三，这个世界上女人痛苦的根源大多来自高估了自己在男人心目中的地位和分量，如果现在你觉得你的男朋友爱你有10分，那么请你打个7折；如果你觉得他爱你有8分，你可以再打个8折。为什么这么说？这是有调查依据的。如果你找1000个会开车的人来做测试，问他们，自认为自己的开车水平是中上等还是中下等？会有900多个人认为自己的开车水平是中上等。如果你找1000个人来做问卷问他们，你自认为你的颜值水平是中上等还是中下等？会有900多个人觉得自己的相貌是中上等。杨笠说她不理解为什么很多男的明明看上去那么普通却又那么自信，其实女人也一样。

高估自己在男人心目中的地位和分量会带来什么后果呢？最典型的就是无法面对被分手、被抛弃的结局，你以为他离不开你，离开你，他根本活不下去，你以为他在规划和你的未来，其实人家早就已经权衡利弊，做好取舍了，所以姑娘们清醒一点，你们在他们心里真的没那么重要。我真是想用最刺骨扎心的语言来提醒某些善良的姑娘，你们可以善良，但不能太傻、太蠢、太天真。

判断是否离婚，我们可以参考哪些标准

“婚姻是一座围城，城外的人想进去，城里的人想出来。”钱锺书在《围城》这本书里写出了多少人的心声。远看再美好的家庭，一细看都是一地鸡毛。如何判断自己的婚姻是否到了离婚的地步？在这本书的最后，我想为大家提供一种新的思考、新的思路，希望对身处婚姻中的人们有一丝启发与帮助。

有位当事人曾经咨询我，她的丈夫因为出轨，愿意给她每个月 3 万元的抚养费，外加赔偿 150 万元，男方年薪百万，工作还可以。女人犹豫要不要跟丈夫离婚，想让我给一些建议。

说句实在话，这事得分人。分什么样的人呢？有的女人，她就把男人的感情看得比命还重，她就把这个男人对她的爱、对她的好当成活下去的一个依托。这种女人，你要是让她在这样一段不被男人重视的婚姻里面忍着，那她得早死十年。她可能会因为负面情绪的积压影响身体健康，甚至得很多严重的疾病，因为她把感情看得太重了。

还有一种女人，她本来就不是非要跟着这个男人不可，也许彼此之前本来就没有特别深厚的感情。对于这样的女人，只要她把老公当大客户，她这日子就能过得特别好。

所以这事是因人而异的，得看人。你是属于少女时代的甄嬛，“愿得一心人，白首不相离”，把感情排在第一位，还是属于回宫后的钮祜禄·甄嬛，那个时候已经分清利弊、懂得要权衡时局了，知道自己想要的是家族荣耀，是凭借皇帝保全自己想要保全的人了。看你属于哪种人。

如果你跟一个背叛过你、伤害过你，或者对你不是特别用心的男人在一起生活，会不会导致你抑郁？如果不会，那就综合性地权衡利弊，理性思考，可以选择好好过。

离婚与否，没有正确答案。但不管离不离婚，我都希望各位姐妹，可以更关注自己的状态，而不是关注那一本离婚证。我们的注意力要回到自己身上，如果打定了主意不离婚，你能不能让自己过得快乐，你能不能让自己每天身体健康、心态平和，对孩子不发脾气。

如果你有这个本事，在打定主意不离婚的前提下，能让自己心态平和，每天对孩子能够心平气和地讲话，对孩子不乱发脾气，这日子就能往下过。

反过来，如果你因为男人的背叛，长期郁郁寡欢，每天动不动就冲孩子发脾气，觉得周围的人都是恶意的，一想到“我跟他还是夫妻关系”，心里就跟猫抓似的，出门跟谁都吵架。如果你陷入了这样的状态，那你就趁早离婚，换个活法。

当断则断，免受其乱

我之前遇到一位当事人，她因为一直没有狠下心来离婚，苦了自己一辈子。

这位老大姐结婚几十年了，一辈子被她老公欺负，非打即骂，为了孩子她就一直忍，一直妥协，一直不离婚，直到孩子大了，不用再担心孩子受委屈了，她跟老公签了离婚协议，准备去民政局领离婚证。正当这个时候，老公竟然突发脑梗住院，躺在医院里面饮食起居都得有人照顾，生活不能自理，而且这一躺就不知道什么时候能恢复。

刚开始的时候，他老公外面那个相好还跑过来哭天抹泪的，又是照顾，又是陪伴。过了半个月，外面那个女的发现没有好转的迹象，就再也不见踪影了。这位老大姐就问我，她这种情况下该怎么办？她能不能不管瘫痪在床的老公？

我只能说她这种情况真的非常被动，因为从法律上来说，只要没有领离婚证，哪怕你能证明他在外头有了情人，哪怕你们已经签了离婚协议，哪怕你们已经申请离婚了，在冷静期，只要离婚证没有到手，你就还是他的合法妻子，还是有义务去照顾他、去管他。

她一听就急了，问我："那我能不能起诉离婚，我手上证据都有。"

我说，你这种情况想要起诉离婚也有一定的难度，因为现在你的丈夫躺在床上，他不可能跟你去出庭，法官是很难查明真相的，法官也会整体权衡，比如，你丈夫要是离婚了，没人再照顾他，他不就是死路一条吗？

她听我说完之后就沉默了。有些关系当断则断，不断只是为自己添乱。

咨询我的很多姐妹经过理性分析，最后做出了选择，有些选择了不离婚，有些选择了离婚。但她们依然不快乐，因为她们一直在心里扮演着受害者的角色，觉得丈夫就是亏欠了她们。于是就像祥林嫂一样，一天天把自己塑造成一个悲情角色，这样子是一辈子都无法高兴起来的。

不管离不离婚，其实都是自己权衡利弊后的选择。不管你怎么选择，都请你去拥抱自己的生活，去陪伴自己的孩子成长，去活出自己想要的样子。就像《知否》里的明兰说的："这过日子，时间长了才知道是苦是乐。既然决定不离，苦也是一辈子，乐也是一辈子，若是天天在这愁苦中日日怨怼，那可真要困在这愁苦里了。这世间万事岂能如意？世上有那么多事情发生，人总是要往前看的。这天下没有谁是谁的靠山，凡事最好也不要太指望，大家都有各自的难处，实在要指望也不能太多太深，指望越多，难免会有些失望，失望一多，就生怨怼，怨怼一生，仇恨就起，这日子就很难过了。高门显贵也好，小门小户也好，都需得尽心尽力，步步小心，最后才能和和睦睦。我将来还可以攒很多的钱，闲啦，便去游山玩水，日子自然过得畅快。若为了在男人面前争一口饭吃，反倒把自己变成面目可憎的疯婆子，这一生多不划算。"

以上也是我想跟姐妹们说的真心话。

写在最后的

我深知自己学识有限，见识一般，格局也不大，而且律师这工作干久了，长期接触一些“负面”的案例，难免会习惯性先预设事情最坏的情况，也有些习惯性地拆解人性背后的东西。所以我的观点也不一定对，有什么冒犯的地方，各位朋友多多包涵。专业方面，因各地法院的判决也并非整齐划一、铁板一块，有不同的判例或者观点，实属正常，也欢迎同行和前辈们多多批评指正。

最后，因为这是我人生中第一次写书，所以“费老鼻子劲儿了”。

我真的尽力了，没什么文采，也不懂幽默，唯有一颗真心，希望读者朋友能感受到，感谢你看完了这本书，希望你的爱情和婚姻能幸福美满，如果没有，答应我，一定要好好爱自己，把自己的日子过明白。

就这！

本书的创作和出版，历时 570 多天。
感谢本书的编辑张金蓉、宋美艳和叶青，
为本书做出的贡献。

图书在版编目（CIP）数据

把日子过明白 / 龙飞律师著 . -- 北京：台海出版社，2023.3（2023.7 重印）
ISBN 978-7-5168-3474-9

Ⅰ . ①把… Ⅱ . ①龙… Ⅲ . ①女性—成功心理—通俗读物②法律—中国—学习参考资料 Ⅳ . ① B848.4-49 ② D920.4

中国版本图书馆 CIP 数据核字（2022）第 248270 号

把日子过明白

著　　者：龙飞律师

出 版 人：蔡　旭　　　　责任编辑：俞滟荣

出版发行：台海出版社
地　　址：北京市东城区景山东街 20 号　邮政编码：100009
电　　话：010-64041652（发行、邮购）
传　　真：010-84045799（总编室）
网　　址：www. taimeng. org. cn / thcbs / default. htm
E - mail：thcbs@126. com

经　　销：全国各地新华书店
印　　刷：嘉业印刷（天津）有限公司
本书如有破损、缺页、装订错误，请与本社联系调换

开　　本：880 毫米 ×1230 毫米　1/32
字　　数：192 千字　　　印　　张：10.25
版　　次：2023 年 3 月第 1 版　　　印　　次：2023 年 7 月第 4 次印刷

书　　号：ISBN 978-7-5168-3474-9

定　　价：65.00 元